智元微库
OPEN MIND

成长也是一种美好

U0125458

刚刚好的人生

从心而活，顺势而为

刘晨曦 著

人民邮电出版社

北京

图书在版编目（CIP）数据

刚刚好的人生：从心而活，顺势而为 / 刘晨曦著
. -- 北京：人民邮电出版社，2024.6
ISBN 978-7-115-64188-5

Ⅰ. ①刚… Ⅱ. ①刘… Ⅲ. ①心理学－通俗读物
Ⅳ. ① B84-49

中国国家版本馆 CIP 数据核字（2024）第 071723 号

◆ 著 刘晨曦
责任编辑 杨汝娜
责任印制 周昇亮

◆ 人民邮电出版社出版发行 北京市丰台区成寿寺路 11 号
邮编 100164 电子邮件 315@ptpress.com.cn
网址 https://www.ptpress.com.cn
天津千鹤文化传播有限公司印刷

◆ 开本：880×1230 1/32
印张：8 2024 年 6 月第 1 版
字数：108 千字 2024 年 6 月天津第 1 次印刷

定 价：59.80 元
读者服务热线：（010）67630125 印装质量热线：（010）81055316
反盗版热线：（010）81055315
广告经营许可证：京东市监广登字 20170147号

从心顺势

从心顺势，何解？**从心，即遵从心意，跟随心力生活；顺势，即顺应自己的先天优势和外部环境趋势。**

为什么很多人在做事的时候常常感觉非常费力，甚至痛苦煎熬呢？最大的原因是，他在做这件事时并没有考虑自己的意愿，没有尊重自己的感受，导致心力匮乏，没有内驱力，几乎全靠外驱力推动事情的发展。例如，你向外界证明和展示自己在某方面的优秀之处，但实际上你对这方面既没什么兴趣，它也不是你真正的优势所在，在证明和展示的过程中，你就感到无比煎熬，甚至时常怀疑自己的决定是否正确。想放弃，又担心这样的自己"不够自律""缺乏意志力""吃不了苦"。最后虽然你成功了，但身心产生了巨大的消耗，精力也产生了很大的亏损，这些消耗和亏损都需要从别处补偿回来，或者你必须把压力、负能量转移。如果最后你没有成功，就会开始自我怀疑、自责，甚至攻击自己"不够好""没能力""没价值"。

不知道以上这个关于"费力"生活的描述，你是否熟悉，是否曾经历？而本书倡导的"毫不费力""心力导向""兴趣优先""顺应优势与趋势"这种生活理念，能够帮助大家在学习、工作中，以及在各种关系中，都可以从心而活，顺势而为，过不费力的人生。

心有二意，心意与心力。

心意，顾名思义，是心的意愿，也就是我们身心的感受提示、直觉反应和主观意愿。心力，指心理能量以及行为的内驱力，这是我们内在的心理动力和能量源头。

其实，在遇到人生的诸多抉择时，每个人的内心都会有直觉感应。我们的身心感受就像最敏锐的导航仪，在人生的各个关口帮助我们判断某个选择是否符合自己的意愿、是否适合、是否值得。可以说这是每个人与生俱来的能力，但真正能坚持听从自己内心声音的只有少数人。随着各行各业的竞争压力越来越大，物质不再是人们的首要追求，重新找回内心的声音，尊重自己的感受生活，成为很多人的"心灵刚需"。**是的，能够按照自己的意愿过完一生，成为许多人一生的头等大事。**

当今社会，**心的意愿**变得越来越重要和不可或缺。从心，需要的第一是勇气，要勇敢地"听心"，听到心在说什么后，尽可能尊重和践行；第二是想象力，即不断勾勒人生剧本和未来画面，反复确认什么样的人生是自己想要的，什么样的状态是令自己感到舒服的，直至目标的轮廓清晰起来；第三是从心做的事要对社会产生一定的贡献，通过洞察他人的需求，帮助他人成长，获得属于自己的成就感和正向反馈。

当一个人拥有**心的能量**，处于一种高能量状态时，他会心态平和、情绪稳定、内耗少、热爱生活，可以做到为自己喜欢的事全力以赴，并且享受过程，过上由内驱力驱动的生活。

那么，我们应该如何遵从心的意愿、保持心的能量？如何找到自己喜欢的事？如何进入心流状态？如何把一件事做成？这些是本书接下来要探讨的内容。

势是什么？是优势和趋势。

如今，缺少创新能力的人，在人工智能的冲击下，已经逐渐失去就业优势，那些有新意、具备独特性和创新能力的人，在很多领域正呈现如鱼得水的态势。可见，一个人发展自己的兴趣爱好，明晰自己的个人优势，找到对的行业，是多么重要。

趋势是什么？是市场趋向，是人们关注和寻觅的东西，是人们的欲求和渴望。一个不关心自己内心世界的人是缺少灵魂的，一个**不关心他人内心需求的人是抓不住机会的**，财富和职业的机会大多在趋势和需求里，顺应和满足它们，便是生存之道，财富之路。

能做到顺势而为，顺应个人优势和时代趋势的人，多是活得不费力且获益最多的人。因为他在干着自己擅长的事，同时被市场需要着，不断收获积极的反馈。工作就是他的价值来源，也是他的乐趣所在。对他而言，赚钱是天性施展和自我实现。如何捕捉个人优势和时代趋势，也是本书探讨的重点。

一边向内从心，探索、内观、觉察、感受、体会、挖掘；
一边向外顺势，探知、寻找、尝试、碰撞、链接、交流。

从心顺势的人生，不再以结果和功利为导向，而是体现了存在主义，是一种重视体验心流，把自己当矿藏开发、当作品塑造、强调体验和整合以及表达和发挥的，毫不费力的人生新活法。

这样的活法，需要你剥离过去认知中浅显的部分，需要你摒弃"人云亦云"，学会独立思考，更需要你对自己保持好奇，把了解自己、开发自己、打造自己当作生命中最重要的事情去做，重新定义和理解"求知、工作、赚钱、关系"这四件事，重建自己的认知框架和思维体系。

有人会说，只有具有丰厚的物质基础，或者已经财富自由的人才能实现这样的人生，但这就是本书要打破的认知误区。我们随时可以学着疗愈自己过去的创伤，补齐自己的认知短板，填补自己的思维漏洞，这些只需利用大量互联网信息资源就可以做到。自我成长是一件自己愿意主动改变，找光芒、找资源的事情，一味地用"我没钱，我不配"来推脱是不可取的，它只是你回避思考，不愿成长的借口。

本书将带领你从过去费力的状态里走出来，换个心态生活。助你从更高维度去俯瞰，以更清晰、简明的思路，面对你所认为的苦难和障碍、迷惑和茫然。

相信我，不费力的人生，并不难。

CONTENTS 目录

01/ CHAPTER

第一章

人生只有一次，不如从心开始

从心之路

顺应优势，人生省力

趋势，就是人心所向

从费力到不费力

晨曦有话说

从心之路

要过上不费力的人生，从心是核心。我们将从以下三个部分阐释何为"从心"。

1. 从心的生活

"从心"这个词对我们来说其实并不陌生。小时候，我们就是从心生活、玩耍、学习和成长的，只是后来在不知不觉中，我们被父母、同伴、大众带上了一个人潮汹涌的赛道，我们开始争名次、争关注、争面子，于是我们丢了自己的心，走上从众之路。在得失成败的起伏里，要么侥幸赢一场，要么一败涂地。喧哗和满足是暂时的，紧绷和焦虑却是常态，失意和落寞常常到访。于是我们的内心浮现一个问题：这一生真的要如此度过吗？赢真的是我想要的吗？

跑着跑着，很多人跑累了。他们逐渐减速，放慢节奏，开始问自己想要什么，这就是回归从心，即问问自己生命的意义是什么。他们想要寻回自我，换个活法。

从心的生活，就是**自定义**生活，以保持**健康**、**快乐**为主，自主自愿选择目标，而不是被动认领任务。

自定义是一种从全新的角度鸟瞰人生的生活态度。在天与地之间，是空间；在生与死之间，是时间，人的一生就是在一段时空内的一次旅行。你可以罗列一张人生目标清单，然后根据清单配置内容，尝试把大脑内过去输入的一切概念清空。你可以问问自己"我需要多少资源？我渴望什么形式？我希望实现什么？我愿意放弃什么？"等问题，然后把答案写在一张纸上，写得越清晰，你的从心之路就越顺畅，因为你可能逐渐知道自己想要什么了。

想要过上自定义的人生，就需要自我觉醒，去践行理念。人一出生就活在时时刻刻被"推销"的世界，你会被动接受很多理念、任务和目标，你以为这就是自己想要的、是必须做的、是好的，但这些大多是他人强加于你的，在你尚未觉醒的时候，哪怕感到有些不舒服，你也多会选择忍受和服从。

你可以试着把人生目标清单格式化，清空它们，什么都不要，然后在空白中重新梳理自我，思考自己喜欢什么，想要什么，什么体验是你最渴望的，什么是必需品，什么是无用的，什么是可以舍弃的，什么对你来说是高价值的。然后，你可以以此作为起点，绘制自己的人生地图和坐标。这就是自我觉醒。

保持健康与快乐是很多人向往的，但真正做到的人其实并不多。

保持**健康**最重要的，是保持情绪的健康，大部分疾病都与情绪累积有关。我们容易压抑自己的情绪，去满足和迎合他人与外界。其实情绪舒畅在某种意义上等于"腰缠万贯"，可是很多人为了"财务自由"这个目标，牺牲当下的情绪，用当下的不自由换未来的自由，而最后是否真的自由了则是未知数。然而，察觉当下情绪是舒畅的还是压抑的是马上就能做到的。自由不是遥远的期盼，而是从现在开始关怀情绪。允许愤怒，接纳脆弱。

保持**快乐**，人们对保持快乐的第一印象可能是吃喝玩乐，其实保持快乐的本质是**放大生命感知力，是我们投入的热爱**。真正令人享受的东西，也许并不用花钱。

放大感知力，如同正念、临在①理念所倡导的，要将每一刻都认真投入生活的细微感知里。例如，吃一口苹果，去感受苹果的汁水在口腔与味蕾间缠绕留香；下雨天，让雨声和泥土的气息

———————————

① 出自《当下的力量》，可以理解为"当下"，每个人在体悟当下这一刻，抛去了自我的思考和审辨。——编者注

进入你的感觉系统；散步的时候，在叶与花的变化中，聆听四季变换传递的密语。脱离追逐和占有状态，你就会发现一切美好并不遥远，它们就在当下。

感知力敏锐的人，每天都能体会生活的美妙。而感知力粗钝的人，就如同奔走的贪食兽，总觉得不够多、不够饱、不好玩。其实，不是他们得到的不够多，而是他们内心的欲望与杂念过多，没有让事物的美好经由感知来浸润心田，只呈现一种干涸而焦虑的状态。

做自己喜欢的事情，人们就会投入热爱，进入人与事合一的状态。很多人和我抱怨说自己没有喜欢的事情，我认为他们并不是没有喜欢的事情，而是心里早已忘记"喜欢"是什么。他们被竞争驯化，只记得"成功""有用""价值"，他们急切而躁动，贪心而盲目，只认结果，不顾喜好，导致当自己真正想追求喜欢的事情时，反而忘记了喜好。

你需要静下来、慢下来，在生命这条溪流的蜿蜒中欣赏沿途的风光，逐渐将其汇集成更宽阔的河。静和慢可能会让人进入"空"与"无"，即空白与无聊状态，这时候很多人又躁动不安了，忍受不了一片空茫的状态，觉得这是在浪费时间。其实只要再在"空"与"无"中安住一会儿，你就能渐渐感受到"想做点什么""我想要什么东西"，这些想法可能跟你的兴趣爱好甚至天赋有关，也可能只是一种让生命安宁自在的体验。

耐受空无，安住其中，不慌不忙，让生命流淌，你终会发现，快乐和美就在身边。

人们大多以为幸福和自由都在遥远的未来，需要辛勤努力，需要不断成功，需要挑战自己才能获得。于是，他们选择最险峻的山峰，竭力攀爬，期待到达顶峰后，胜利的光芒将照亮自己。如今，有些人早已跳出这种思维模式，选了自己喜欢的山，慢慢往上爬，不设定何时登顶，不勉强自己用力，只是找个适合的登山路径，享受路上的花香、鸟鸣，他们不再用吃苦拼搏激励自己，也不羡慕别处的热闹繁华，只是走自己路，赏自己的花，登自己的山。

这就是**从心的生活**，你可以根据自己的兴趣和能力，设计你的人生路径，不必进入别人的评价体系和别人制定的竞争规则，就算进入，也不执着于结果。

这样的生活为什么不费力？因为如果一心求结果，你就要先储能，一路行动一路消耗能量，没有能量了需要原地充电或者找别的方法补充能量；也可能你一直没意识到能量不足，导致身心出现问题。

追求过程中的乐趣，不过度在意结果的人，没有储能、耗能这种说法，他们认为行动即乐趣和充电，同时持续关注身心需求，不强迫自己赢，懂得休息放松，自然不费力，至于结果，是体验过程的附赠品。

从心，不是完全不在乎结果，而是注重生命的体验过程，享受过程中的自我成长，接纳顺其自然后的结果，并将其转化成下一段旅程的动力。

2. 对从心的疑问

从心就是随心所欲吗？从心的路上会不会孤独？从心了，钱从哪里来？

（1）从心就是随心所欲吗

从心的"从"代表发生的一切的起点是由自己选择的，自己也接受因此产生的结果，也就是自我负责。一旦意识到这一点，我们就会开始慎重对待自己的选择，会问自己："你确定吗？""这是你想要的吗？""你能接受这个决定带来的任何可能结果吗？"因此，从心的人并不会随便做出一个决定，反而会慎重考虑，而一旦做好决定，他们便会坚定果敢地行动。

自由不是一件全是愉悦和快乐的事情，在某些时候它是危险的。自由包含独立、自主、负责，也包含止损、撤退、偿还。领悟了自由的全部内涵，还坚定地说"我要自由"的人也许就不多了。

从心就是接受自由的正、负面效应，从做一个顺应内心的决定开始，并对整个过程负责。"我愿意""我想要"和"我面对""我负责"，是一体的。

(2) 从心的路上会不会孤独

这个问题取决于你怎么定义孤独。

不知道大家有没有这样的体验，很多时候你在一群人中间，他们谈笑风生、觥筹交错，但你的内心却感到孤独寂寞。这种感觉的产生不是因为你身边没有人，而是你内心的重要感受、隐藏的情绪、难言的秘密、炽热的梦想，无人分享、无人可诉。你看起来身处喧嚣，可你的内心住着一个孤单的人，它觉得自己可以忍受孤独，可当你在深夜被情绪包围时，还是如蚂蚁噬心般难过。

在从心的路上，你可能面临家人的反对、朋友的不解、关系的疏远，但忍受一段时间后，你便可以做自己喜欢的事，过自己想要的生活，以及通过这份追求和爱好找到与你志同道合的伙伴，也可以在互联网上分享你从心之路的体验。"过遵从自己意愿的人生需要一种怎样的勇气，以及会遇见什么"，哪怕你只是写一篇关于这个主题的文章，都能吸引和你有着相同想法的人。

当你从心而活以后，假性关系里的热闹确实可能会逐渐离你而去，真正理解你的人则会陆续与你共情，产生共鸣。更重要的是，这样生活的你本身就很吸引人，自带能量。**好的关系不是谁一定不离开谁，而是在人生之路上与契合的人同行。**

（3）从心了，钱从哪里来

技能，技能，技能，为什么要写三遍？对于赚钱，很多人陷入了"读书毕业找工作"的思维，把学历和工作单位当作唯一的收入变现形式。其实，最主动的生存方式是拥有技能，最好是在喜欢的事里要有一点"擅长"成分，你也可以做不喜欢但擅长的事，或者不擅长但喜欢的事，千万不要做既不擅长又不喜欢的事。如何在喜欢、擅长和谋生中做好平衡并投入其中，本书的第三章将详细解读。

很多人会问，这个过程我知道，我也能坚持，但是眼下我没有钱生存怎么办？那就去做任何可以养活自己的工作，但不要被它淹没，沉溺其中，你可以找相应的书看，从网络上寻找资源学习，找专业的培训班上课。梦想如同洞中凿光，你需要了解自己的目标、热爱的事物以及自己的优势。

永远不要放弃雕琢自己。

3. 从心的四个阶段

从心之路有四个阶段要走，即无心、寻心、问心、从心。

无心的生活，是指费力的生活，你在意周围人的意见，要与别人竞争相同的目标，要时刻督促和激励自己，认为获得一定的成就才算有价值，要努力、自律、勤奋并学习一些技巧和计谋，要留心自己的言行给别人的印象，要小心经营人际关系并防止失败发生。你不允许自己输，更不允许自己懒惰和脆弱。

你是否熟悉或者经历过这样的生活：一边给自己加油打气，一边维持住最后一格电量，同时维持一个强大的人设^①。但这样的生活真的是你想要的吗？你的情绪、感受、意愿、快乐呢？这些都不重要吗？会有多少人真的在意你的成功？台下真心为你鼓掌的人究竟会有多少？你思考过吗？

为什么无心即费力呢？因为这在很大程度上说明你放弃了真实的自我，不听内心的声音，背着"假我"的壳一路攀爬，除了

---

① "人设"一词最初来源于动漫、游戏等领域，指的是作品中角色的形象设定，包括角色的外貌特征、性格特点、能力等。随着时间的推移，"人设"的概念逐渐扩展到社会生活的各个方面，成为描述或定义某人公众形象的术语。

获得的结果能证明自己很厉害，你在一路上基本没得到太多快乐，只有耗能，而持续攀爬的能量从何而来？要么把身心能量利用到极致，要么通过其他快速的补偿方式维持这种动力，费力，但依然坚持，你过度地渴望最终的成就，却有可能让你中途崩溃离场。

该怎么办？要**寻心**，也就是寻回心力，寻回内驱力，去过不费力的生活。

很多人认为的"寻"是去找，但这里的"寻"就是在原地，什么都不做，什么都不想。没错，就是"空"的状态，清空自己，让你的本心浮现。

你有多久没真正休息过了？你要允许自己什么都不想，只留下呼吸、心跳，让头脑放空、情绪消散，让自己像一片树叶一样漂浮在河面上，静静地随着河水流淌，不做任何抵抗。这时，你的身体和心灵都清空了。

空，才会让你的心房有空间，让你的自我安心住进来。让心回归，让你的身心同频。

我猜很多人会说，我也"躺平"①过一段时间，并没有什么用，反而越躺越烦躁。

"躺平"分两种，一种是找不到自己，迷路了，这时候，要选择接纳自我。在这个阶段，自洽地躺平，在生命的自然流动中恢复觉知和动力，恢复真实的情绪和感受，重新找到自己，想清楚自己究竟要什么，然后爬起来，开始自觉主动地生活，有自己的意愿和想法，再也不混混沌沌。

另一种是嘴上说着要躺平，身体也躺下了，心却还在翻滚、躁动、纠结，这不是真正的"躺平"，因为你没有接纳自我，更没有允许生命自然流动，你只是不甘心和自我厌弃。

_____

① 躺平，网络流行词。指无论对方做出什么反应，你内心都毫无波澜，对此不会有任何反应或者反抗，表示顺从心理。

前文说的"空"，是前一种"躺平"，你允许、接纳、信任着、流动着，等待你本来的面貌慢慢恢复，为重启做准备，直到真我复苏的那一刻。

寻心持续一个阶段以后，你会发现：你能越来越清晰地察觉自己的情绪波动、意识念头，你的大脑像一个干净的杯子，折射出了每一束光。你对外界的反应不再只靠惯性和想当然，而是开启内观、觉察、有意识的模式。你在做每一个选择之前，都会问问自己的心：这是你想要的吗？是你喜欢的吗？是你想要的人生吗？

问心，就是真正意义上的独立，走出既定的、混沌的、听父母言、随大家走的生活，你认真审视外界的每一句劝告，关怀自己、尊重感受、大胆设想、慎重决定自己想过什么人生，坚定踏出每一步。

你会开始情绪管理，比起别人的喜怒哀乐，你更关心自己的情绪为何而起，摸索情绪产生的缘由，进入童年回忆。在回忆里看见那个童年的自己，看见他最初的遭遇，摘下别人贴给他的标签，对他说一声："你很好，不要因为他人情绪的投射和宣泄，误会了自己的本质，请你耐心勇敢地长大，我会在未来等你，我们一起创造有意义的一生。"

成年的你与童年的自己不断对话，当童年的创伤被治愈后，你的日常情绪将更为稳定，你会越来越自爱。

情绪流动自如，生命力恢复，能量提升。你会很快发现，你不再跌跌撞撞地应对人生，而是握住了生活的方向盘，有一种自主、自发、自如、自在的感觉，这就是从心。

从心就是顺着生命的溪流生活，你的目标不是强大和优秀，而是真实和自然，你的成功不是由财富多少来衡量的，而是在于你是否成为自己。你逐渐尝试，缓慢前进，开始做自己喜欢的事，结交志同道合的朋友，而不是维持假性关系。

从心而活，就是做喜欢的事，结交喜欢的人，有保障生活的钱。对你来说，可能以前钱排在第一位，如今钱排在最后一位。你可能不急着赚钱了，因为你开始在自己擅长的领域从容做事，身边还有高质量的关系。你也不再需要过度消费，因为你发现你更爱由心灵本质而来的快乐，顺着心流做事，本着真心交友，单纯的购物消费则变得越来越索然无味。

你更愿意与大自然相处，树木、风景、云朵……你喜欢自己做饭，喜欢静静地看一本书，不再用批判的眼光看待这个世界。同时你只与少数朋友交往，卸下表面的精致，敞开心扉，任情绪流动。另外，你也有自己的消费观念和财务计划。于是，在生活的河流里，你顺着心意而活。

无心、寻心、问心、从心，在这四个阶段里，哪些人很难走到最后呢？

第一，欲望太多，不清楚自己想要什么，无法做减法的人。

第二，不敢停下来，不敢减速，不敢放下执念的人。

第三，在寻心、问心阶段，急躁，无法独处，无法与情绪共处的人。

第四，容易被身边的关系和声音干扰并打乱节奏，太在乎外界评价的人。

你需要信任、放松、独处、自问、坚定、清简，希望你顺利走上从心之路。

顺应优势，人生省力

1. 不做人生发展路上的"受虐狂"

有一类人对自己的优点和长处"不以为然"，觉得"这有什么"，而对自己的缺点和短板的态度则是"必须克服""一定改变"。

明明长着翅膀却视而不见，就算看见也不敢展翅高飞，只纠结于游泳没有鸭子快，还想要有一双脚蹼。

这是为什么呢？可能是因为他们从小受到的"吃苦教育""挫折教育""挑剔评判"太多了，已经无法适应"人生可以舒服一点"的思维，即便轻松的路摆在眼前，他们也依然怀疑自己，觉得不吃点苦磨炼自己，不与自己的缺点较劲，人生就像荒废了一样。

他们对自己擅长的、很轻松就能做好的事情不以为然，不敢赞美自己；对自己做不好、做不对的事情很在乎，急于更正。这似乎形成了一种自动反应，导致他们一直走在较劲的路上，忽略了一些明显符合优势、能够胜任自如的选择。

人要学会正面肯定自己，善于发挥优点，放过缺点，不求完美，但求放大自己的优势。

2. 找自己的优势、天赋或潜能，从哪里入手？

长期以来，人们对优势存在很大的误解，认为优势只与成绩、名次、收入、头衔有关，也只看得到与这四个词相关的能力和表现，导致自己的视野越来越狭窄，而且对自己的不足、不满有较多批判，像是要把强大而磅礴的生命力全部放入这四个词里，否则自己就变成了失败者、落选者。如果只是这样简单进行二元区分、比较评判，那每个人都很容易遭遇挫败和失落。

在很多人眼中，牡丹比雏菊更珍贵。而在大自然中，牡丹和雏菊各有其不同的价值、特点，清风拂过，它们各自散发芳香。

要想找优势，你要多回到过去，例如回忆你儿时擅长的科目、曾经喜欢的活动、大学里参加过的社团、别人夸奖或表扬过你的某一点、无聊的时候会做的事情。松开时间的绳索，回到平凡的日常里，找到自己特别拿手的某一点，特别喜欢和热衷的某件事。

优势是什么？就是你只需花费较少时间和精力，就可以比别人做得娴熟、流畅的任何事情。这些事情包括吃饭吃得香、嗅觉比别人灵敏、拍照片取景被人夸奖、腿比较长、手指比较灵活、乐于倾听、记忆力比较好等。

然后，你可以试着去寻找能够让你专业地学习和训练的渠道，把所有的精力都放在雕琢自己的某个优势上，发展自己的副业和爱好，并链接他人，促使价值变现。

3. 优势的发现和转化

优势分看见、链接、提取、转化四步。一个人看见事物、事件、人，然后链接它们的本质和精髓，提取可使用、可欣赏、可品味的部分，再将它们转化成某种载体、形式、实体，并传递给群体、社会、世界，最后静待收获，这种能力就是优势。

什么是**看见**？是你心神停驻、聚焦、欣赏、关照的对象。

例如看见一朵花，你要能看见花瓣的纹路、颜色的层次、花蕊的微颤，闻到它的香气，并沉浸一会儿；看见一个孩子，就要像欣赏一件艺术作品一样，好奇他的好奇，关心他的需求，欣赏他那因玩得尽兴流下的汗珠和红扑扑的小脸，跟他聊一聊今天有什么好玩的事情发生，他的感受是什么。如此，就是看见，不评判、不含糊、不仓促，心神停留在事物和人身上，发现其中的美好。

看见一朵花，看见一个孩子，看见一件工具，看见社区街道的人们，看见这个世界每一天的细微变化，也包括看见自己、觉察关照自己的每一刻。

我猜大家会问，我是要找优势啊，看见这些有什么用？你要知道，唯有习惯这种"看见"，你才能在仓促的生活里，找到你内心最关注和喜爱的那个东西、那件事、那个行为、那个画面，明白什么东西会在刹那撞击你的心灵，敲开你的心门，然后你才能完成后面的链接、提取、转化这一系列步骤。

在这之前，你要学会减少评判，不再仓促，不执着于目的，这很重要。你要去觉知和发现。

这个世界正等着那些"童心萌发"的成年人去发现新的可能，打造自己的优势。

链接，即进入心流状态。心流这个词大家应该都不陌生，在心理学中，心流是指一种人们在专注进行某个行为时所表现的心理状态，是一种将个人的精神力完全投注在某种活动上的感觉。儿童可能都会体验到那种专注其中、忘我陶醉的感觉，他们很容易进入心流状态（如果父母不经常打断干扰）。但是成年以后，有些人很难进入心流状态，除非进行促进多巴胺分泌的高阈值刺激类活动，其他时候他们很难在日常生活中体验到童年时产生心流的快乐。

心流如甘泉，滋养心田。心需要外界的能量关注和灌注，需要被认可和夸赞。社会容易给予那些获得名利、成就的人更多奖励，于是人们纷纷为了获得耀眼的光环，为了获得外界的认可而努力，然后心田被浇灌，心也满足了。

心流，与一个人的优势息息相关，想让心田得到滋养，你可以多尝试一些活动，找到自己的爱好，当内心感到快乐、充实、舒服的时候，这些事情做起来便不费力，而且你最后很可能得到不错的结果。

为什么不费力？因为在整个过程中，你被心流不断支持着，你的能量是有保障的。为什么得到不错的结果？因为你的身体、大脑、心灵正在协作，你的整体发挥是流畅的，并且你是有行动力的。心指挥脑，脑牵引身，像一个和谐的团队，没有争执和矛盾，大家互相配合，紧密协作。

这就是链接和心流不费力的奥秘。很多人心里想做一件事，但大脑反对，认为另一件事更好、更对，于是大脑跳过心灵，自作主张地开始指挥身体。可是身体在漫长的进化过程中，与意识、心灵更加契合和信任。你不得不承认，身体更听心灵的话，身体需要心灵牵引，而光凭大脑就想让身体去行动，身体便会变得沉重和笨拙，这也是拖延症的根源，身体根本提不起劲儿。

心是核心，是力量的来源，只听从大脑的人忘记了这一点。怪自己不努力，怪自己不自律，怪自己太懒惰，怪自己不聪明。其实不然，你只是太过相信自己的才智和理性，你忘记了心的力量。

你可以突破思维限制，拥抱这个世界，积累丰富的人生体验。你应该多尝试，多链接，多从心，感受心流如甘泉般流入你的心田，滋养你的身心。

我的朋友中，有人喜欢吃，他们口味挑剔，味觉敏锐，于是选择成为美食家、烹饪者、搭建农业产品的电商链；有人喜欢睡，他们注重寝具和卧室，于是选择成为睡眠产品研究者；有人喜欢玩，他们选择成为户外旅行引领者和探店者；有人喜欢乐，他们选择成为专门剪辑有趣的视频并重新配音的博主、小型剧场的脱口秀演员。

看着我的朋友们，我时常感叹："这世界多好玩啊。当你有一颗童心，你会发现吃喝玩乐都是学问，都可以带来源源不断的灵感，促使你成为这个领域的专家。"

提取与转化，简单来说，就是把优势变现，获得正反馈和收入，**让"心的优先关注"变成"生命的势能"**，源源不断地支持自我的发展。当一个人时常看见，尝试链接，触发心流时，这个心流背后的能力和能力产生的效果，极有可能是他人需要和喜欢以及愿意为此付费的，这就是把优势变成技能，把技能转化为收入的关键。这部分最需要大家领会的是，对人、对事，你要保持好奇心和同理心。

提取，即从喜欢的事物、事情、活动里找到本质，然后把本质提炼成个人可理解的内容，并纳入自己的思维体系，然后在脑海中不断地进行发散、想象、变形、建构。

例如你很喜欢美好的事物，喜欢收集漂亮的家居用品，像陶瓷、摆件等，它们象征着"家和美好"。因此你总认为能搜集到让家变得美好的一切事物，并且通过搭配它们，让家变得典雅、诗意、温馨、浪漫，且整体和谐。而这一行动背后就藏有软装搭配、设计、家居用品零售、批发的可能变现形式。

提取是一个从形象到抽象再到形象的过程，你从喜欢的事物里提取本质，再把本质发散到工作环节。

转化和提取密不可分，因为提取就是为了转化，而转化包含了前文说的对人的关心和对人的需求的关心。

一个对他人漠不关心的人，是与财富无缘的。为什么很多人明明很想发展得好，过上富足且充满爱的生活，但是他们像被"卡"住了一样，迟迟没有变化和提升？因为他们困在了自己的情绪、烦恼、执着、欲望中，视野被遮蔽了，看不见身边人发生了什么，也不关心别人需要什么、渴望什么，他们在一个多彩的世界里抱怨着贫乏。

将优势转化为实现个人价值的才能、技能、职能，链接他人，之后转化成他人的认可、购买、影响力，这就是我们寻找自己优势的最终目的。

总结一下如何找到自己的优势。首先，放下对自己缺点的纠结，不再苛刻地对待自己，不把能量消耗在自我攻击上，接纳自己的完整性和独特性，相信自己本就具备待开发的潜能和特质，只是在过去的单一价值评判里，这些潜能和特质藏在盲区中。接纳就是放下排斥，让盲区显现，扩展人生的可能性。

其次，回忆往事，重走童年路，捡起遗留在过去中的金子。也许别人不知道，没有看见，不以为然，可你曾获得的小成就、小欢喜、小进步，都可以放在自我认知的框架里，作为你的一部分，这些应当被细细梳理和开发。

最后，日常生活里你要练习"看见、链接、提取、转化"这四步，把自己训练成能耐心了解自己，好奇探究事物，提取本质精髓，转化利用变现，满足他人需求的有心人。

生活不费力的开始，是学会搁置缺点，接纳自己，回忆过去，梳理优势，发掘潜能，活在当下。

趋势，就是人心所向

我有一个做生意的朋友，每次在去机场的路上都要和出租车司机聊天。开始别人以为他爱聊天，后来才明白，他总是利用各种时间调研和考察各地的民生，哪怕在一段短途的车程里，他也要了解大家最在意什么，正在抱怨什么，目前需要什么。

上篇讲完了如何顺应个人优势，本篇要讲的是如何顺应时代趋势，也就是如何感知和了解大众的心理需求，并与自己的优势相结合。

马斯洛需求层次理论的最高一层是自我实现，这便是个人价值与社会价值高度同频，即一个人乐意做的与大家需要的，恰好是一件事。我们之所以要嗅闻趋势，是因为要将自己"抛入"市场，与世界交互、交流、交易，这会带来能量的流动与更新，也能不断刷新我们的体验感，还可以给我们带来财富，享受更富足的人生。

这里我们要讲三个关键词：**感受共振、抉择依据、周期波段**。

先来说感受，为什么聊趋势，要谈感受呢？因为感受是人类身心与生命最基本、最底层的反应。人们先是感受到什么，然后有了情绪，再有了欲望。有了欲望，便有需求，才会去交互、交流、交易。通过学习心理学，捕捉时代与市场趋势，你需要感知自己的感受，同时感知别人的感受。这种感受包含我们可以提供的服务、产品、文化、知识等重要信息。

近几年流行一个词叫"躺平"，它反映了人们对于努力拼搏的某种放弃，对优胜选拔竞争的厌弃，看似接纳自己人生中的失败，但又隐藏着绝望与悲观。"躺平"文化背后是对竞争的厌恶，对放松的渴望，人们的情绪是平静中带着不安的。人们想要化解这种内心冲突。于是，很多小众的娱乐、休闲方式，各种兴趣、潮流、社群兴起了，考研、留学也成了人们在职业竞争中急流勇退的一种选择。同时，回归家乡也成为趋势。在某种环境下，人们的感受能产生相应的需求，这些需求都潜藏着机会。

感受共振是什么呢？是你提供的物质或精神产品，刚好引起了一部分由此产生特定感受的人的共鸣。身是满足后的愉悦，心是振动后的惊喜。他们会很快地关注、尝试，并多次与你链接，因为人们太需要被看见和理解了。

你只有对自己的感受保持敏锐，对外界保持好奇，对他人的心声和烦恼予以关注，才能发自内心地去做点什么，给自己和别人带来愉悦和满足，共鸣与理解。理解别人的需求，给自己带来生机。

一个开放、敏感、好奇的人，能从一条热门新闻的关键词里预测和判断商业模式和市场动向，你很难在学校和书本里学会这个技能，这完全是人对自己和群体心声的直觉。别小看直觉，它可能决定了一个判断是否适合实施。

那些走在红利风口的人，就是拥有敏锐直觉和感受共振的人。

抉择依据由认知源和判断源构成。什么是认知源？它是指一个人对这个世界、社会、生存、关系、金钱、自我的认知体系，即他是如何理解身处的生活场景、他人和自己的。

认知源有三种来源：第一种是来自父母、学校、大众传媒的口头或者书面知识；第二种是个人通过选择性阅读和学习得到的知识；第三种是链接到的具体个人传递的信息。三种来源的重要性从后往前依次递增。

这里我先澄清一个概念，即"认知"到底是什么。我们经常说的"认知"分两个维度，一个维度是认识了解自己，另一个维度是认识了解世界。

前者主要指对自己的心理、意识、情绪、性格、特点、优势、短板、喜恶、乐于追求的、不在乎可舍弃的事物有较具体清晰的了解，以及能较好地稳定情绪、平衡欲望、处理关系、发展能力，在客观世界找到适合自己生存的位置。

后者主要指对世界的基本物理原理、意识形态、社会现象、历史变迁、政治经济、人文地理、文化思想、艺术审美，有认识了解的兴趣和习惯，通过平时的阅读、游历、思考，从点到线再到面最后形成系统，帮助自己了解世界。

一个人认知水平高，指的是他对内在自我和外在世界的把握、洞察深，在复杂变化的事物中比别人更快地看到事物的本质，能做出长远有益的预测和判断。提升自我认知水平没有极限，这是一种天然的好奇和探索，是关于如何过好这一生的持续思考和身体力行。

向内看自己，向外看世界，清醒过人生。

如果把学到的知识、道理、理论看作点，把个人经历、亲身体验看作线，那么，思考梳理就是连接点和线，从而形成网状面。

什么是高密度认知？经常思考学到的知识与经历的事情之间的关联，会帮助形成认知网。高密度认知则是一个精密的网状结构，这个网越细密，看事情就越能由表及里，由表面探及本质，迅速找到重点和解决突破口。一眼看到本质，就源于高密度认知。

学习、经历、思考缺一不可。光学习不历练，就只有零零碎碎的点，光经历不学习，线条连不成结构，光思考不实践等于在空想。每个人的人生都在他的认知网覆盖下，对焦、选择、行动。人的烦恼和痛苦大多源于认知网松散、对焦不准，这导致他们选择了错误的方向、浪费了努力。

认知的突破口有时是一个在你世界以外的人。他的人生阅历和社会见解明显是你非常陌生的，甚至你一开始是非常抗拒的。请放下你的抗拒和固执，去与他探讨，以此扫除你的认知盲区。

认知源加上高密度认知的形成过程，能够让一个人形成自己对世界和事物的判断前提。判断源，即做决定和判断的缘由根据，一是来自一个人多年形成的认知体系，二是来自前文提到的感受共振带来的信息。

认知源（长期）+ 判断源（当下）= 抉择依据

一个常年保持独立思考、观察、链接，且敏锐、开放的人才会有充分而精准的信息来源，为每一天的生活选择和行动提供支持。

周期波段是经济学常见的概念，在这里仅提供一些我的个人思考。

顺势最重要的莫过于把握事物和行业的发展规律，包括自我成长的阶段性变化。

在事物的发展规律中，有生成、维持、毁坏、消亡四个阶段。行业发展的规律也有四个阶段：幼稚期（生成）、成长期（维持）、成熟期（介于维持和毁坏的顶峰）、衰退期（毁坏至消亡）。对我们普通人来说，就是尽量在成长期进入，在成熟期收获，并在衰退期到来前撤离转向，才能让我们的努力不至于白费，甚至获得丰厚的回报。

一般来说，一个行业在幼稚期时，是很少有人知道的。成长期则会有少数人知道或者发布少量的信息，很多人会将这个行业当作玩笑话谈论一番，独具慧眼者会跟风进入，跟上周期的上升波段。此时需要人们做到感受共振，并拥有冒险精神。

成熟期，就是经过幼稚期和成长期，到达收获期，此时大家都看见和知道这个行业好赚钱、可盈利，热点新闻、街头巷尾都在谈论它，但这也是比较危险的时期，如果较早进入，还能有一些收获，但如果进入得比较迟，基本上等各方面筹备完毕，就要迎来衰退期了。这时就要看运气了，运气好的人收获最后的辉煌；运气不好的人就像还没开放就要凋零的残花。

衰退期也是值得一聊的。这时行业的盈利模式，不是参与市场本身，而是培训、设计、包装、流通等，甚至是二手生意。在这个行业的人员设备进进出出流动的时候，做一些中间媒介工作，在频繁变动的间隙积少成多，获得收益，同时也要保持警惕，在预见到行业的消亡即将降临时，就要迅速离开，重新出发。

但就算把握了行业发展这四个阶段，并能洞见其规律，也并不代表你就能收获成果。你还需要结合个人的阶段发展特点，选择你适合的领域和行业，因为再好的机遇，再好的行业，不适合你或你不擅长，也是很难取得成果的。同时，一个人熟练掌握一门技能，也需要时间，并不是赤手空拳去追趋势、赶红利风口就能成功的。

在什么都闻不到，没有风起的日子里，安心编织知识网，做一件拿手或者热爱的事，不要慌慌张张地在人群里赶路。当你和自己的心贴近，了解自己后，你也会更了解市场，你嗅闻趋势的敏锐度也会提升。

最后，我想聊聊赚钱"红利"和"风口"的真相。

根据兴趣或直觉，选择自己喜欢、适合、擅长的工作和行业，默默深耕。有了之前的筹备和努力，若抓住机会，将个人的能力与潮流结合，你在 1~2 年内就能获得可观的收入。这是我身边很多所谓赶上红利的人的真实经历。

风没来的时候，你就已在岸上造船，因此能顺风启航。如果感到风在吹后才开始筹备，那么你基本上就错过了最佳时机。很多红利砸到头上时的选择，是之前的从心而为，是相信直觉，根据自己的意愿做的选择，虽然那时候风未起，但心已动。

很多人直觉迟钝，感受封闭，也没什么爱好和兴趣，不了解自己适合什么，只追着被市场"嚼"过好多次的信息跑，最后往往一无所获甚至损失惨重。

人与人的差距主要在于信息来源不同，作为普通人，直觉、内心感应到的信号，自身天赋和优势，以及可发挥领域，是自己的第一手信息。

趋势，就是人心所向，而人心，就是自己的心。如果对自己的心不关照、不倾听、不觉察、不挖掘，是很难感知他人的心、群体的心、社会与时代的心声的。

愿大家做个有心人。

从费力到不费力

从费力到不费力，是从无心、无明、盲目努力到有心、清明、善于借势；是从无意识过一生，转为有意识过一生。

什么是无意识？无意识是指人生的一种自动驾驶模式，人从出生到成年，许多时候是靠着惯性、情绪、欲望被动接受知识、表达和行动的。

什么是有意识？有意识是指在自动驾驶模式中加入了手动调节，对习惯进行审视，对情绪进行觉察，开始分析欲望，开始批判劝告和舆论。如此，一个人便真正"介入"他自己的人生，开始对人生进行手动修正。

有意识地过一生，你首先要**探析情绪觉察和欲望**（了解路径），其次要**审视主体性**（**设定导航**），最后要建立目标感（目的地）。

情绪觉察有记录复盘、扫描感受、暂停切换三种方法。

记录复盘比较简单。你只需一个本子或者手机备忘录，按照时间、事件、情绪、想法这四个要素将生活记录下来，例如周一中午（时间）在公司与后勤部小王起了口角（事件），情绪（愤怒、委屈），想法（小王看不起我、无视我）。这样记录一段时间，在至少有十条记录以后，你就可以尝试梳理这十条记录背后的规律。你会发现三条线索。

（1）你的哪种情绪是最常见的。是愤怒、是悲伤，还是羞愧？

（2）哪种事件最容易引爆你的情绪，是被人否认，是被人忽视，还是竞争落后？

（3）哪类人最容易引爆你的情绪，是权威领导，是某个年龄的异性，还是年轻人？

这三条线索很重要，你会看见自己情绪的脉络路径，觉察常见情绪、常见事件、常见激活对象。到了这个阶段，你需要进入"童年关联"，看看梳理的信息是否跟你童年的某个回忆、环境、氛围、事件、人物有关。如果是的话，你可以找你的咨询师帮助你梳理信息，或者自助梳理，用写日记的形式将其记录写下来。在这个过程中，你可能会有大量的情绪涌出，如痛苦、对父母的怨恨、对自己的心疼，在这个过程中你要允许各种情绪产生，让它们显露、流动，然后消散。

扫描感受，指的是在第一个方法使用熟练后，在每次情绪产生时，自己都知道缘由，但还是不由自主地产生情绪，这时候请体会那股情绪的能量流经你的身体，不评判、不压抑、不阻止，让情绪成为你的一部分，你与它合二为一。你可以用热毛巾擦脸颊脖颈，也可以静静坐着，脚踩地面，让双手自然下垂。你知道曾经冲击或者卷席你的情绪正在又一次来临，令你想起熟悉的创伤和心结。你既不害怕，也不压制这种情绪，这就是扫描感受，让你的情绪流经身心。

暂停切换，是在前两种方法使用熟练后，特别是在记录复盘时，你发现自己有一个固化信念来自童年的体验，而你可以修正这个固化信念，比如来自父母的否定让你从小觉得自己不够聪明、能力不足，所以在每次被质疑能力不足时，你都仿佛回到了童年的创伤情境，产生愤怒情绪。修正，就是用"我是有能力的，我正在成长"的想法，替代创伤带来的信念。暂停是对情绪的安抚调整（可以是深呼吸），切换是用现实信念代替创伤信念。多试几次暂停和切换，你就逐渐可以稳定地应对各种状况，感受情绪的来临，但不会被情绪带走；理解自己的创伤，但不误会现实。

你逐渐走出童年情境，来到了真实的当下，成为一个更有力量，觉知更清晰，内在更稳定的成年人。

想有意识地过一生，第二步是**审视主体性，即我需要、我愿意、我可以**。别看这三个词很简单，但其实真正认真思考过的人并不多。为人生做一些深度思考，可能痛苦，但是值得。

首先，**我需要**。有多少人的人生梦想清单里，塞满了不必要的欲望和不是自己意愿的目标。

为什么简单明了的欲望这么重要？很简单，我们的时间、资源、能量是有限的，如果"我需要"里有太多不必要的欲望和不是自己意愿的目标，我们就总会觉得自己不够自由，不够资格去追求和实现灵魂深处滚烫炽热的梦想。精简自己的欲望清单，把必需的物质保证及欲望列出来。这个清单越简短，你越接近自由。

在列清单时，你需要考虑的只有"我真正需要的是什么，多少收入，需要购买什么，以及不需要什么"。

其次，**我愿意**。一个人得有一至三件真心喜欢的事情，让自己愿意为此付出和燃烧。

人生有一种痛苦，并不是缺少什么，而是必须扮演什么。你接受了在他人眼中的最好选择，你深入其中后却不认同，发现其与自己想要的有很大的差距，但你又无法推翻重来，于是只能假装享受，完美扮演你的角色，你知道自己的内心不快乐，它在戏服里快透不过气来了。

我并不是让你全部推翻这一切，而是提醒你，你得知道自己正在扮演什么角色。接下来，就是尽量节省能量，不要进行无意义的对抗。将节省的能量留给自己，去做自己喜欢的事，把喜欢的事呈现并表达出来，你应该活出自己的本来面目。

最后，**我可以**。这是对探索和开发自己，对"我还可以变成什么样子"的好奇与忠诚。

很多人的注意力经常不在自己身上，不是说不可以关心别人的情绪与故事，而是注意力太宝贵，注意力经常在何处几乎是我们人生剧本的主题。

你应当对自己保持强烈的好奇心——"我还能变成什么样子"。我几乎不做性格测试，但并不是因为我不认同这些测试背后的理论，而是希望我的人格越来越丰富。我不想被这些概念和术语限制。从英语老师到主播，再到心理咨询师、博主、作家、文创品牌创始人，我从来不将自己固定在任何标签里，我采撷每个我感兴趣的标签，然后为自己贴上。

"我可以"是对自己丰富潜能的自信和不断雕琢的坚持，打磨自己的无数切面，什么都是我，我可以有任何标签。

不断问自己"什么是我需要""什么是我愿意""什么是我可以"，然后不断思考和回答，不断舍弃和确认，这就是审视主体性的过程，也是你对人生导航系统的校正、测试和设定。

有意识地过一生的第三步，是**建立目标感**。提起目标感，有些读者会觉得太沉重，甚至太死板了。其实，在前文的自我了解、审视主体性的基础上，提出目标感，只是给人生选个好玩的赛道和方向，仅此而已。目标，就是在人生旅途的开始给导航系统输入自己心仪的目的地，有了方向，就能有所期待。

目标分人生愿景、长期目标、中期或者短期目标。

人生愿景，简单来说，就是一个画面。你无数次憧憬和描摹的画面，有些人对此只敢想一想，做做梦，但实际上，这个愿景就是你生命烟火绽放的时刻，也是你感到死而无憾的那一刻。但是要注意，这个愿景是自己做成或者实现一件事，而不是与别人的关系。有些人希望跟某人谈恋爱或者结婚，这个不是人生愿景，而是对童年未被满足的依恋关系的补偿。

长期目标一般是你 8 ~ 10 年后的状态，住在哪个城市、做着什么工作、过着什么样的生活。中期目标是 3 年后的状态，短期目标是本年度或者半年内的状态，当然，你也可以根据自己的意愿将目标设置得更细一些，比如 3 个月或 1 个月内的状态。

人生愿景看起来不太实际，而长中短期目标更实际，后者是靠前者拉动的，我们最终服务的都是我们感到死而无憾的时刻，这也意味着我们的人生正逐渐圆满。

人的完整是指人格的丰富整合，人生圆满是指实现那个死而无憾的愿景。

不费力的人生，指的是了解自己的情绪模式和童年创伤，一边疗愈，一边成长，直到切换自如，删减杂乱的需求，让主体感成为导航，跟随自己的意愿和喜好，由目标感指引方向，成全生命的热爱与梦想。在整个过程中，你将减少内耗，思路更加清晰，能量更为充盈。你会跟随内驱力，触发外驱力，更新自我。

希望你走出无意识，过好有意识的一生。

晨曦
有话说

1　如果漫长的生命注定要与创伤为伴，不如将伤口雕刻成美丽的图案，用来激励自己——"最难的时候，我都活下来了"。

2　普通人过好人生的前提是，扎实、系统、专业地掌握一门技能，技能越稀缺，你的自由度越高。

3　生命是一场偶然，成功是偶然，幸福是偶然，失败和灾难也是偶然。活在偶然里，才是生命的本色。不问为什么，顺其自然。

4　在心理成长之前，随波逐流是跟随身边人；在心理成长之后，随波逐流是跟随你的感受、直觉、好奇心。

5　无论什么样的成长，生活最终还是回到四件事：吃好睡好，做事赚钱，爱自己，爱别人。

6 在秩序感和确定感逐渐丧失的生活中，建立自己内心的秩序，保持自我觉察，学会自我照料，包括照料情绪，可以从容安稳地生活，才不会掉入身边负能量的旋涡。

7 如果在对成功的追求和目标的设定里，没有考虑自己的感受、想法、兴趣、意义，那人生可能只是寻求资源和权威认可过程中的高级燃料。

8 物质层面差不多的两个人，会因为心理感受的不同，看见两个不同的世界，过着截然不同的人生。

9 没有好奇心的人生，如同一个人坐上一辆大巴车，醒来看前方屏幕的固定播放内容，困了就昏昏沉沉地睡觉。

10 看清楚前半生的一些决定，是战胜了恐惧做的选择，还是因为恐惧才这样做。如此，你会更加了解你自己。

11 我们看上去是在处理一件件事情，实际上我们处理的是自己的情绪和感受。

12 人生最有趣的，就是不断亲自解除儿时的封印，大人们曾经
的规训、恐吓和禁止，可能只是一张薄薄的纸，一戳就破。

13 一个人之所以过不好自己的人生，很可能是在做选择的刹
那，回避了审视、思考与负责，只想随便选择，命运也自
然展开一个敷衍的剧情。

14 工作是按部就班地参与社会分工，闲暇是将自己全部的生
命舒展开来。

15 人最大的财富是过往的经历，最宝贵的资产是当下的体验。

16 很多人最大的问题是：他在持续发愁、思考一个压根不是问
题的问题。

17 什么是值得一过的人生？是自己做个真实的人，也让身边
人真实、鲜活起来。

18 要用更通透的心智、更专业的技能、更清简的物欲，扩大
心灵舒适区，减少干扰。

19 做自己，做喜欢的事，这是主要的；赚到钱，被别人喜欢，这是附赠的。

20 人们终其一生追求的是生命力的表达。

21 人生的烦恼之一是：不了解自己，不了解自己生活中曾发生的和正发生的事情的本质。

22 人生高能量的秘诀：不猜别人在想什么，做自己想做的、能做的、跟自己目标和意愿相关的事情。

23 如何找到真正的人生目标？先进入什么也不要的放空状态，再让自己真正想做的事浮现和明晰。放下一切，不再执着，然后选择一件事，坚持做下去。

24 有两种人生，一种是不断打破层层牢笼，伸展翅膀，让天性有生长的空间；另一种是不断寻找更安全的牢笼，收起天性，安于稳定。

25 吃好，睡好，有喜欢的人，做喜欢的事。

26 人生道路上，有一个非常简单的道理：跟对人。如果没有
那个对的人，你就自己走自己的路，直到成为被跟随的人。
因此，要么跟对人，要么走自己的路。

27 被心力（心理能量）、脑力（理性分析）、体力（执行落地）
驱动的人生，才会有顺畅、有趣、丰盛的体验。

28 人生目标是一条绳索，拽着我们走出混沌、迷茫、无趣。
人生目标最好是自己的心之所愿，我们需要先彻底思考，
然后笃定践行。

29 心理弹性，指的是凡事以"活下去""身心健康""内心舒
适"，而不是"不能输""绝不低头""不能丢脸"为原则，
去面对和适应人生的不同状况，因为前面的原则是生命必
要的，后面的原则是自己在与自己较劲（可能无人在意）。
前者有弹性，后者在死撑。

30 过得越来越好的人身上都有"毫不留情"这个特质，关键时刻毫不留情地转身，毫不留情地远离，毫不留情地放弃，毫不留情地拒绝。这些看起来无情的行为，其实源自他们对自己生命的清醒认识和深深地珍惜。

31 一个想要成长的人，必须知道：人的注意力非常宝贵，注意力应被安放在何处，应经常关注何事何人，几乎是人生中最重要的课题之一。

02/ CHAPTER

第二章

减小学习的阻力

让学习变成快乐的事
让学习变成轻松的事
让学习的第一步变得简单
让学习持续和深入
学习能延展人生的可能性

让学习变成快乐的事

学习，是人类与工具、知识深入结合的过程。学习，是人的身心脑结合，是熟练掌握一门技能，解决问题、表达自我的过程。但是，现在很多人看到"学习"二字，大脑会自动关联"痛苦"一词。这一章我们来帮助你改变对学习的刻板印象，让你在提起学习时想到的不再是苦，而是乐。这样，人才能与知识、技能、工具链接，创造属于自己的生活妙招，获得源源不断的资源。

回忆一下，是什么经历让你感觉学习是一件苦差事？我猜是批评、枯燥和考核。批评是被审视和负反馈，枯燥是无意义的重复，考核伴随着批评的恐惧。学生时代的学习很容易让学习的本质发生改变，让人还没开始体验学习的乐趣就被迫戴上金箍。

成年以后，特别是在大学毕业后，人们带着在学校掌握的理论知识进入社会就业，有人顺利，有人不顺利，甚至有人开始怀疑过去接受的教育是否有意义，因为这些教育并没有给自己带来理想的生活。这时就意味着你需要二次学习了，那么该学什么呢？

一类是**全知识**，另一类是**副业及新技能养成**。

什么是全知识？全知识就是教会人主体感的知识，例如第一性原理、哲学、逻辑学、心理学的基础知识，以及对时间空间的解释、欲望如何得到满足、金钱财富知识、对生死的理解、人生的意义等。

掌握全知识后，再去学习具体的学科和技能，可以加深我们对自己的生命和世界的理解，能带着觉知体验人生。

全知识的学习完全出于对生命、自我、世界的好奇心和求知欲，在工作、旅行、购物、结婚、生子的奔波之外，去想一想、看一看、探一探这个世界的本质，思考生命由何而来，存在是什么，死亡是什么。

你需要学习很多学科的基本知识，大体编织和梳理出你对世界和自我的理解框架，以及对自己的基本情绪、欲望、潜意识、人格的了解，这些知识需要你主动阅读，甚至用一生的时间来求知。我们在学校学到的知识体系比较单一，而构建出自己的全知识框架，你的不费力人生才算是真正开始落地。

落地不是指忙碌着为了生存赚钱，而是指了解全貌，探析本质，带着感知和思考去践行人生。

全知识学习带来的快乐主要是稳定感和清晰感，当你开始理解世界的基本原理和逻辑时，你就不会被身边人的误解和观点带偏，也不会"听风就是雨"。当你开始理解自己的内在时，你也不会太执着和在意身边人的看法，哪怕偶尔被他人攻击，但因为你了解了情绪的本质，所以你并不会将其内化，不会让不好的情绪伤害自己。

有关**副业及新技能养成**，我先说"心法"，也就是如何让学习变得快乐和有趣。

首先，你必须放下"能不能成功""快点证明自己""最后有没有回报"这种想法，你需要信任和跟随自己的好奇心、兴趣，并对所做的事情本身有深入了解的渴望。

其次，你是否能对刚开始学习一个技能时的无反馈和负反馈建立耐受，度过没有同伴和鼓励的时光。

最后，也是很多人最难突破的卡点，你是否愿意刚学会一点后就愿意对外展示、交流、演练？为什么这个最难呢？因为很多人会陷入"我还没准备好，我不能亮相""万一我做不好，被人笑话怎么办"的羞耻感，但其实，练习是学习最好的吸收转化方法，在刚学会时就愿意展示，能知道自己如何调整才能精进，这样就可以减少上面提到的无反馈和负反馈。

下面我想介绍一下具体的学习方法——**费曼学习法**，它源于诺贝尔物理学奖获得者理查德·费曼，这个学习方法可以简化为四个单词——Concept（概念）、Teach（教给别人）、Review（回顾）、Simplify（简化）。也就是你想理解一个新知识点，就要假装把它教给一个小孩，你要用孩子可以理解的语言写出一个想法。于是，你便迫使自己在更深层次上理解了该知识点，并简化了知识点之间的关系和联系，然后你需要为此不断回顾和简化。如果你真的想确保自己对一个知识点的理解没什么问题，就把它教给另一个对此不了解的人。

在完成这个过程后，你也掌握了这个知识点的核心要领，它内化为你认知系统的一部分。检测知识是否掌握的最终途径是你有能力把它传播给另一个人。

费曼学习法的核心，一是"教就是学"，二是"学需要练"。要克服羞耻感和胆怯，在学习期和新手期就勇敢表达、练习，甚至教别人。

下面聊一聊副业及新技能养成的具体目标，目标不一定是某个你想做的工作，它可以是五花八门的爱好，例如书法、花艺、配音、园艺、绘画、唱歌、表演，你完全可以把自己当作一个小孩培养，而不用再像小时候一样期待别人满足自己的心愿。学到一定程度后，你需多留意互联网和身边的兼职信息，可以自我展示，也可以自主小型创业。也许对一个常年朝九晚五的人来说，这一切听起来有些难实现，但在未来时代，抓确定性本身，就不再是常态了。尝试、碰撞、练习才是常态，越早适应这种趋势的人，活得越自在、越舒服。

放下确定性，拥抱成长性、变化性、可能性。

很多职场人都害怕职场竞争，担心自己被淘汰，他们总活在线性单一的生存思维中，被焦虑和压力占据了工作时间和业余时间，既看不见自己的很多可能性，也看不见流动变化的商业趋势、形形色色的需求和机会。

其实，我认为，人实现真正的自由是在中年以后，那时有了一定的阅历，也有了基本的资金，对于"做自己"这件事便可以有更大的发挥空间，支持自己做各种各样的尝试，并转换人生角色。这些都建立在学习、掌握一门新技能的基础上。

为什么说学习是快乐的？有三个原因：①**求知本身是快乐的**；②**掌握一门技能是值得体验的过程**；③**学习会增加你与社会交互的机会**。

求知即快乐。在这个世界上，没有知识是"死"的，它们都是这个世界的某个部分，它们可能暂时没有实际用途，但你可以理解和收藏，等你掌握的部分越来越多后，这个世界的基本轮廓便渐渐浮现，这时，学习不只是快乐，还是兴奋，是喜悦。

掌握一门技能使人更加自信，他赖以生存的基石就是自己的头脑和身心。如果从业时间久一些，有一定的影响力，那么高质量的关系、资源都会源源不断地向你涌来，而且在你有了一定的行业地位以后，你还可以成为这个行业的专业人士，即使年龄大了也能持续发光发热。

学习即机会。你多学会一项本领，就在无形中多了很多与别人链接、合作，增加见识的机会。机会就像种子，多种一颗种子，就能多结出一个果实。

所以，放下你曾经对学习的惯性理解，去除与痛苦有关的条件反射，主动地学，自愿地试，从全新的角度，翻开一本书，深入学习、耐心钻研，让你的身心脑完全投入一门技术或学科，让自己从一张白纸到博学多才，希望你期待并享受这个过程。

无论年龄多大，主动学习都是为自己注入新能量的开始，轻松一点，不带过多要求地让自己进入"日日新"的学习状态，把目的性放低，只要进步就好，慢慢来也可以，偶尔展示自己也可以，过程中做不好也可以，总之，让氛围变宽松，让学习变成你生活的一部分，而不是一个目标。

你再也不是战战兢兢害怕被评判，硬着头皮完成任务的学习者了，你是自主、自愿、自发、自我管理、自我调节的学习者。你爱上了每一天都在饱满吸收、持续精进的自己，你也允许挫败、偷懒、搁置，你不强迫自己一定要怎样，你鼓励自己所有的进步和改变。

成年后的你，不被别人驱使，重新定义学习，让学习变成一件快乐的事。你会发现，人生中最令人喜悦的事情，莫过于发现自己可以从零开始，学会一门技能，做成一件事。

让学习变成轻松的事

能坚持学习且取得成果的人，有三个特点：①**不会的愿意上手学**；②**难的事可以慢慢来**；③**不被干扰，有自己的节奏**。不敢尝试，沉不下心学，急于求成，经常被打断扰乱，这几点是我们放弃学习任务、难以掌握一门技能或达成某个目标的主要原因。

如果想要拥有上述的三个特点，就需要我们主动尝试不设限，拆解任务小步走，劳逸结合自我调节。尝试与不设限，前文已经提过了，下面我会讲解**如何分解任务**、搭脚手架盖大厦，**如何自我管理**以及如何平衡安逸和努力。

任务分解法是一种将复杂或庞大的任务分成多个小任务或子任务的策略。这样做的目的是使原本难以开始或难以完成的任务变得简单、明确和可行，还可以减少我们的认知负荷，使大脑更容易吸收与处理小块和具体的信息。这个方法也可以帮助我们找到明确的学习方向，为我们提供清晰的行动指南，告诉我们应该从哪里开始，下一步该做什么。而且，每完成一个小任务我们都会获得成就感，这种积极的反馈可以增强我们的学习动力和自信。

例如，一个人想考研，这个学习任务的分解过程如下。

1. 搜集信息，整理思路，明确自己的目标，例如考取哪个院校、院系、专业，然后锁定目标。

2. 了解目前备考科目的完成度，模拟分数，了解自己目前的水平与目标之间的差距。

3. 估算自己花费多久时间能缩短这个差距。

4. 在估算时间内，把学习任务具体到每天的学习时长，看几页书、学习几个知识点、做几道题，将任务量化到每一天。

5. 如果在步骤 4 的操作中，你出现烦躁、过于疲劳、拖延等情况，请记住，不要自我责备，审视步骤 1，也就是目标是不是自己真心向往的，是否动机充分、心力足够。如果答案是否定的，那就要及时止损，换个目标也是可以的；如果答案是肯定的，那就看一下步骤 2 与步骤 3 之间可否拉长时间，把每天的任务暂时简化，让任务简单一点、量少一点，度过这个低能量期，避免泄气和放弃。度过这个阶段后，如果感觉自己精力提升，能增加任务，那你就再进行调整，这个可以灵活掌控。

6. 每完成一个小阶段的任务，就给自己的任务栏里画一个大大的勾，满足自己一个心愿，作为奖励。

以上分解过程涉及：目标锁定，丈量路程，日程细化，每日推进，推进受阻停下来调节或者休息，继续推进，自我奖励，如此持续，直至达成目标。

为什么有些人在这个过程中感到困难呢？有三个原因：①目标不明确，可能只是盲目跟风，本身混混沌沌或者带着对抗情绪；

②分解任务的时候，想"一口吃成胖子"，导致分解的每日任务不符合自己的身心能量，无法接受慢慢来；③过程中总是带着对自己的评判、责备、怀疑，稍有一点错误或者问题出现，就陷入自我批判或者畏缩不前。总体来说，就是目标不坚定，分解不科学，容易被情绪困住。

所以，在开始学习之前，你要问自己想要什么，允许自己慢慢来，出现负面情绪就去灵活调整任务额度，不责备自己。这条看似漫长的学习之路，也许就能逐渐悠然展开，过程可能伴随着暂时的卡顿，但不影响你徐徐前进。学习不困难，困难的是你不愿意了解自己，不愿意科学分解学习任务，不愿意耐心对待自己的情绪。

如何在从心和努力之间达成平衡，在学习过程中自我管理，劳逸结合？有以下五种方法。

1. 在家里设置三个物理分区
—— 生活区、学习区、退行区

生活区指具备日常生活、餐食、娱乐等很多功能的空间。

学习区指没有手机、平板电脑、电视等的存在，只有学习用品的空间。

退行区指允许自己发呆、脆弱、哭泣，能充分放松下来的空间，在这里你不必努力、不要求自己、不逞强，退行区可以是卧室里的床，也可以是沙发的一个角落，或是阳台的一把摇椅。总之，在这里允许低能量状态的出现，想哭就拿包纸巾，想发呆就泡壶茶，想坐着就坐着。退行区的意义是给"脆弱"一个名正言顺的空间，接纳自己的所有阴影面，接纳生活中无法回避的挫折和低谷，让情绪舒缓，并释放出来。如此，接下来的生活才会畅通、不费力。让生命力自然恢复，力量生发。

2. 设置自己的"番茄时间"

使用番茄时间管理法，定你的"番茄钟"（定时器、软件、闹钟等），时间是 25 分钟。在学习任务开始时，先大致思考完成该学习任务需要多少个"番茄钟"。开始完成第一项任务，直到"番茄钟响铃"（25 分钟到）。这时你应该停止学习，并在列表里该项任务后画个 ×。休息 5 分钟，活动、喝水、上厕所等。然后开始下一个"番茄钟"，继续该学习任务。一直循环下去，直到完成该学习任务。

你也可以定你自己的"番茄钟"，即根据你的意志力，以及需要玩乐、可以工作的时间分配情况，来自定义设置时间。例如有些人是学习 20 分钟、休息 10 分钟，有些人是学习 30 分钟、休息 10 分钟，只要这个"番茄钟"是适合自己节律、可持续的，就可以作为你的"番茄钟"周期。

3. 及时补充小糖豆

小糖豆，指的是当下的满足、即时的快乐。"即时满足"和"延迟满足"是心理学中相对的两个概念，"即时满足"是立刻满足自己的需求，马上获得奖赏；"延迟满足"是人们甘愿为了长远价值放弃当下的快乐，坚持一段时间，获得更持续的成就感。

学习就是一件延迟满足的事情，在这个过程中，也可以搭配即时满足的事情，例如完成一项学习任务，就吃顿好吃的、玩手机、购物、与好友聊天、出去逛逛，但你一定要注意"小糖豆"的补充比例和补充节奏，在路途较远的行程里，时不时补充一颗，可以让你的路途更为轻松。

4. 正反馈关系

在成为自己的路上，关系非常重要。关系的回应、支持、鼓励是最好的充电形式，会让你的学习之路收获很多自我认同和信心。有些人独自在外，没有跟家人在一座城市，身边的朋友也少，这时候可以利用互联网资源，加入与自己有共同学习目标的线上社群，大家互相鼓励、互相问答，一起分享一路的心情，其中也包括苦闷。独自前行的路上，给别人点一盏灯，自己的路也会被照亮。

5. 重复想象描摹

想象力是在大脑中描绘画面的能力，就好像大脑中有一支画笔，凭借个人意志，什么东西都可以在大脑里画出来。想象力是大脑的一种强大功能，属于右脑的形象思维能力。想象力对于学习的作用是，在学习的过程中，经常想象自己任务达成，目标实现的画面，会让我们长期聚焦在这件事情上，肯定它，直到它最后成为客观的现实，也就是心想事成。

行动力、创造力、自驱力，都跟想象力有关。相比于不敢想象的人，一个敢于想象的人，其人生会多出很多可能性。很多人会提出疑问说这和"做白日梦"有什么区别呢？实际上，它们是不一样的，想象力能让人长期保持热情和专注力，会在无形中敦促我们搜集相关信息和资源，当搜集到的信息和资源越来越多时，行动力也就呼之欲出了。当我们开始行动以后，如果取得正反馈，这件事情就容易坚持下去，做这件事就成了习惯，习惯就形成了现实。

可以说人生在一定程度上始于想象力，想象得多了，我们就会谈论；谈论得多了，我们就可能行动；行动起来了，我们就可以调整和坚持；调整和坚持后，我们就养成了习惯；习惯养成后，我们就会取得结果。于是，想象力结出果实。

希望你能通过以上方法，将学习变成一件轻松的事情，克服畏难情绪，多掌握一些科学的方法，多一点关系的流动和反馈，让想象力给自己带来激励和快乐。在塑造自己的过程中，多一些自如调节和灵活应变，减轻压力，让学习自然而然、水到渠成。不管以后遇到多困难的事情，你都可以通过"理解本质，分解过程，持续推进"，达到量变，引发质变。

最后，轻松，是自然的心态，是科学的方法，只要方向是对的，保持自己的速度和节奏，哪怕慢一些到达终点也比中途放弃好一些。

以前，当一个人过于执着于目标，用目标来定义生活时，他的生活可能被分成两半：实现目标之前和实现目标之后。在实现目标之前，他认为他的生活是匮乏的、没有意义的、不值一提的。

可是有了这一次经历，他忽然发现，自己原来一直都生活在富足里。这种富足来自生命本身，只要你活着，就是一种富足。就像一匹离开跑道的赛马，它发现自己原来还有草原可去，他只需要找到他热爱的方向，跑起来。

让学习的第一步变得简单

前段时间很流行一句话——"命运的齿轮在那一刻悄然转动"，讲的是很多人因为接触到一个行业或者新鲜事物，改变了自身命运的故事。有朋友问我，从心理学角度，怎么看待"命运的齿轮"这件事。我说，一切皆因一种"尝试和敞开"，即"试试看，万一呢"。别小看这六个字，这是人的**好奇和勇气**，是生命的能量，我们要**主动抓住机会，参与**其中。**启动**这齿轮，**打破**既定生活。

"试试看"，是打算采取行动；"万一呢"，是保持期待但不执着。一个人既要像成年人一般能够自我负责，又要像儿童一样拥有游戏心态。

是什么妨碍了一个人去"试试看"？除了上一篇提到的"自我设限"，还有就是有太多的"情绪内耗"，将大量的精力耗费在自我怀疑、自我攻击、脑内幻想以及与身边人的拉扯上，导致只有很少的脑空间和心容量去发现外部的机会，了解新鲜的信息。一个人越受困，越消耗，就会越不受控地内耗，视野也就越狭窄。

因此，我们要有"**试试看**"的想法与动力，走出内耗，节省能量。

首先，我们要明白人为什么会内耗。我认为原因有以下几点。

第一，你过去经历的逆境与创伤没有被治愈，导致情绪和感受"冻结"在那个时刻，哪怕成年以后，你也带着恐惧、担忧、焦虑的底层情绪，无意识地做出很多抓取和占有行为。

例如，你需要被人及时关注和回应，特别是在亲密关系里，你希望对方能一直满足自己的需求与期待。如果对方做不到，你就会不满，然后和对方冷战或者争吵，这就是一种消耗。

再例如，你非常渴望得到别人的认可，你想通过这种认可获得安全感。于是，在很多不太重要的关系里，你隐忍、讨好、屈服，导致生命力萎缩、情绪郁结，并因为得不到认可，而更加自责。

创伤引起冻结，冻结导致恐惧，恐惧需要缓解，以上导致外求，求而不得，就是内耗（攻击自己）或者外耗（攻击别人）。在这种状态下，人处于低迷、焦虑的状态，困在自己的内心剧场，反复排演着童年创伤的翻版剧情，很难真正看见和留意外界的有用信息、可能路径，导致一再错过命运齿轮转动的机会。

第二，目标不清晰，你不了解自己，不清楚自己真正想要什么，混混沌沌地跟着大众走。

我们要经过多次追问，把欲望简化，才能更清楚自己每个阶段想要什么、应该做什么，而不是变来变去，在人群里迷失自我。

第三，容易被周围人的情绪投射和言语影响自我评价，动摇自己的信心。当你想做点什么，或者说出一个想法，又或者试图表达自己时，你会发现，很多人的评价并不一定是积极的，还有可能是打击你的。

你需要了解两个事实：①别人对你有负面的指责和批评，不一定是你做错了，而是他内在有很多冲突和不安，这些向外的攻击只是他在宣泄自己的不满；②别人赞美、认可、夸奖你，不一定是因为你很厉害，可能是因为他有求于你，或者他比较善于看见别人的优点。

心理成长会达到一个境界：众人言语纷纷，而你宠辱不惊。无论外界如何变化，你都专注于自己的目标、利益、愿望和未来生活的图景打造，尝试进行一场有趣的冒险，试一试别的、新的、不一样的、感兴趣的事情。

通过看见创伤，疗愈内心，你能减少很多不必要的内心戏；通过简化欲望明确目标，让自己聚焦，通过了解他人语言情绪的底层逻辑，你会不被干扰和影响。当一个人终于节省出了心理能量，有心力走出小我，看见更大的世界，更积极主动地拥抱新鲜事物时，就来到了"试试看"。

愿意试试看，是一个人的心理能量到了一定水平，自我评价系统非常稳定，可以拥抱未知和不确定性，不再是躲避和害怕失败。试试看的本质，就是愿意放手一搏，看看生命会有什么样的意外收获，并且可以承受任何结果，包括失败。就像渔夫为了捕捞到更多更好的鱼，明知道远洋航行会面临重重困难，但因信任自己的船只和自己多年的航海技术，仍愿意启航。

走出自我设限是前期的心理准备，"试试看"则像纵身一跃，需要一种冲动、一个决策、一个信念。

这里介绍一种心理疗法——接纳承诺疗法（Acceptance and Commitment Therapy，ACT），意思是接纳所发生的一切，面对自己的消极情绪、想法或是身体的不适感，愿意主动体验而不是回避压抑。保持正念，能够主动地将自己的注意力投向外部世界或者是内心世界正在发生的事情，而不是沉浸在已经过去或还没发生的事情上。找到自己最看中的人生目标，采取行动来实现自己的核心目标，为自己的未来目标而活，而不是活在过往的回忆和反复的情绪中。

接纳承诺疗法的核心就是，接纳情绪，关注当下，融入生活，看见自己，找到目标，承诺未来。

人们的很多痛苦都来自对抗或者回避情绪和情绪背后的创伤，学会接纳，就是面对真实的自我，跳出恐惧和退缩，走进事实，而不是情绪，以旁观者的视角，逐渐看清自己的生活，厘清头绪，找到自己的意愿所在以及能够发挥潜能的目标（过去的目标往往是为了回避创伤情绪，并不是自己真心所愿），确定这个目标，采取行动去实现它，新的人生便启动了。

试试看，就是跨越旧模式和旧自我，为新的自己付诸行动。

我们不能总活在创伤情绪中，不要让童年的剧情循环上演。要勇敢面对和接纳自己的所有情绪，并不断自我疗愈，直到心理能量恢复。我们要为自己而活，创造新的人生。

让我们利用意愿的力量，从规训中挣脱，在创伤里看见自己的能力与天赋，扭转人生的走向，创造全新的生活。

"万一呢"，乍一听有点像投机心态，但我更愿意称之为"游戏心态"，能赢固然好，但输了也没什么。

强者做事有三个特点：**流动性、开放性、游戏感**。流动性，即允许变化和不确定性；开放性，即可以接受并转化各种结果；游戏感，即以玩游戏的心态面对所有竞争和挑战。

　　儿童发展心理学家皮亚杰说过，游戏就是儿童的工作。葆有童心的成年人，能够以游戏心态学习与做事。如果生命陷入无聊与停滞，不如以玩游戏的心态去完成自己向往的事。过程即享受，有好结果，很开心；没有好结果，也不虚此行。

让学习持续和深入

当一个人重新定义学习，感受学习的快乐，逐渐走出自我设限，也能勇敢地尝试新事物、学习到新技能后，就来到了第四个重要部分——**聚焦与深耕**。那么，如何做到将注意力凝聚，向更深处探索，重复练习，独自前行呢？

大家有没有独自徒步、潜水、飞行的体验？当你不再置身于关系里，没有什么人要应付时，你只需要把小小的自我抛入大大的世界，用自己的视角去思考与体验，触碰和互动。学习到最后，似潜入深海，既有震撼美景，也有极致孤独。

潜入孤独，自我怀疑

在咨询中，很多来访者会跟我反映这个阶段出现的问题，例如"坐不住""看不下去书""很难坚持""一个人很容易走神""总想摸手机"等，这些问题在学习的后期比较容易出现，如果你不能解决这些问题，那么在后期更容易放弃、自责，或者浅尝辄止。

但这并不是你的问题，不是因为你不够自律坚持，你只是有一个心理卡点需要突破。在生活中，你会看到有些人做事流于表面，有些人则很容易投入。

为什么你做事无法专注，没有耐心和毅力？这跟每个人的心理能量有关。心理能量足的人，可以沉下心，投入其中，链接事物，享受过程，在不知不觉中坚持很久；心理能量低的人，做事做不了多久注意力就转移了，在意外界，关注他人，担心结果，心无法聚焦，最后虎头蛇尾。

与事物无法持久链接、无法对事物进行深入研究，这是一个人的内心安全感还没有完全建立好的表现。他必须时不时与外界联系，例如聊天、互动等，才能保证自己的存在是真实的，而隔绝外界声音，独处，看书、写作、玩耍、学习，容易产生"被抛弃""不存在""意识死亡"的感受。这是因为他在早年的成长经历里，没有得到足够的陪伴、关注、支持，长大后就无法对孤独与隔绝建立耐受，无法忍受独处、无法专注、聚焦，做事容易虎头蛇尾。

一个人只有在安全、稳定、心理能量足够、有一定兴趣驱动的时候，才有可能长期坚持投入做一件事，如果没有办法坚持下去，要回头，看一下是不是早年的内在创伤还没有被疗愈，安全感是不是不够，最近的能量是不是有点低，自己是不是对这个目标没有兴趣。总之，你要去寻找问题的本质，而不是一味地苛责自己。

在这样的养育、疗愈、关切、善待中，一个人逐渐能在孤独中待得住，跟自己相处得惬意，同时对自己的目标保持探索欲，也能克服暂时的困难，稳步向前。

能否走得远，在于能否被耐心对待，能否被温柔爱护。

庖丁解牛，行云流水

"庖丁解牛"是《庄子·养生主》中的名篇，讲的是庖丁为文惠君宰牛，庖丁运刀的动作和皮肉与筋骨剥离的声音相互配合，是那样的和谐。文惠君连连惊叹，问庖丁是怎么做到的？

庖丁放下刀说，与别人宰牛不同，我已经把宰牛这件事上升到"道"的高度了，而不只是技巧。回顾我刚开始学宰牛的时候，与别人一样，眼里看到的是一头牛。3 年之后，我的水平进步了，看不到囫囵的牛了，我看到的都是牛之间的连接点。如今，我宰牛凭借的是手感，哪个地方该停，哪个地方该转弯，完全根据牛的生理构造，因此碰不到任何阻碍。

这个故事讲的其实是学习从始至终都应该遵循规律，顺应自然法则。学习的最终结果，是自己与自己的技能合为一体，并从中体验到"物我合一""合于道"的快乐。

要成为这样的高手，必须具备重复训练与长期热情这两个要素，在重复训练与长期热情里获得快乐和满足。

通过学习，我们不仅可以看见自己成长过程中经历的种种孤独，也可以升华自己的孤独，抵达灵魂深处，更可以通过反复地解析、练习、掌握、实践，发掘事物和自然的规律。

学习，不只是学习，它是人生的一口井，里面先是自我和成长，再是密布贯连的地下水，目之所及，更深、更广、更无形。

若想改变人生，我们需要沉下心学习某种技能，跨过某个门槛，获得某个从业资质。但有时因为孤独、不相信自己、无法独处，我们的心总是飘着，无法坚持学习，容易陷入情绪的泥沼。

　　沉下心做好一件事，是人生混沌阶段需要跨越的一个障碍。跨越过去，则天阔地宽；跨越不过去，就原地打转。

学习能延展人生的可能性

我会接一些职业规划类的咨询，我会帮助咨询者列出他的特质、优势、天赋，并给他推荐适合的职业领域。有些时候，咨询者并不相信自己真的适合某些职业，常常问我："晨曦，我可以吗？我行吗？这有可能吗？你没开玩笑吧？"他们为什么有这些疑问呢？因为他们活在对自己的刻板评价和定势思维里，而这些并不一定是真实的全貌，可能只是来自过去某几个人的评价，这些评价却把他们钉在了一个**固定模式**里。

曾经有好几位咨询者对我说："晨曦，我父母说我不会说话，表达能力不行。"

　　我和他复盘，分析很有可能是这位咨询者的父母从小对自己的沟通表达能力感到自卑，因此特别关注身边人会不会说话。有了孩子后，父母也比较注意这一点，当孩子幼年刚练习说话时，被父母看到偶尔的不熟练和卡顿，父母内心的恐惧感就被激活了。于是他们开始跟孩子反复强调这件事，或者给孩子打上"你表达能力不行，你经常说错话"的标签。于是，简单的沟通和表达这件事被父母赋予了格外重要的意义，孩子从很小的时候就有了压力，开始谨小慎微地说话。日积月累，沟通和表达对孩子来说越来越困难，从而验证了父母的预言——"嘴笨，不会说话"。这就是墨菲定律。

　　当我跟咨询者说"你表达能力没问题"时，他们表示深深的怀疑，甚至认为我在安慰他们。因为他们从小就被如此评价，一直被困在某个标签里，导致自己不敢从事与表达相关的工作，错过了不少机会。

　　这样的例子数不胜数，有些长相明明非常好看的人却因为长相自卑，不愿意社交；有些天赋很高的人，却觉得自己一无是处；有些写作能力非常强的人，却觉得自己写的内容只给自己看。我经手的诸如此类的案例很多，都感到非常感慨和无奈，其中有太多人因为童年时身边人的几句评判和批评而无视自己身上闪闪发亮的优点，对自己有多么珍贵、对自己的未来拥有多少可能性视而不见。

这些人年少时在别人的负面评判中成长，等长大了，有力量了，他们依然把自己困在曾经的负面评判里，不敢表现自己，只会认为自己不行。要想改变这一困局，你要试着把"我不行"这三个字改成"我试试""我可以体验下""也许我可以""我学一学，也许有机会"等词语。

把否定词变成开放性的词语，不再困于负面评判里，而是试一试表现自己的优势。重复训练一段时间后，一定会有效果。如果一开始就认为"我不行"，那就等于封锁了一条可见的路，当大脑里充满了太多"我不行"后，自己便会无路可走，只能从事一些安全的、重复的、机械的、低创造力的工作。

不自我设限，你要学会四点：①放弃成功和失败标准的二元对立；②了解恐惧和麻烦来自大脑；③对无反馈和负反馈有耐受力；④把自己当作孩子，耐心培养。

第一，把大脑里的"成败"二字，换成"符合预期的积极效果和预期以外的特别体验"。没错，失败就是预期以外的特别体验，它并不符合一开始的预期，但失败里也有值得学习和帮助成长的东西，它给生命注入了新动力和更多可能性。例如，你参加一个培训班，可能最后考试没通过，但结识了众多朋友，后期你和他们就有合作的可能。

关键是要把"求结果"变成"拣武器装备"，在还没有具体成果和方向的时候，去尝试一些事情，就像在游戏里拣装备，哪怕失败了，也能学到未来做某件事时需要的经验和技能。

把"二元对立""非此即彼"的思维换成"存在、体验、汲取、转化"，你会发现你一直都在成功，因为你成功地拓宽了生活维度。

第二，为什么很难启动一件事？因为你的大脑产生的恐惧，放大了做一件事情的难度。刚接到一个任务，特别是比较有挑战性的任务，大脑会自动产生"怎么办"的疑问，并把困惑变成恐惧，恐惧会导致你退缩，但其实这是大脑给你设下的陷阱。如果你学会透过恐惧，看见具体的事情，并加以拆解，拆解到最容易的第一步，然后去做这一步，做成功了，大脑就会感到"挺轻松"。这个"挺轻松"的反馈就促使大脑做第二步、第三步，直到一步步抵达终点。

所以，高手都是能够"驯服"大脑的，让大脑为自己的心和目标服务。只要拆解到第一步，让大脑给出"容易""挺轻松"的正反馈，启动和完成一件事情并不困难，困难是情绪的烟幕弹，用理性去分解，烟雾自会消散。

第三，如何对无反馈期和负反馈期建立耐受。无反馈期，即做一件事没有效果，没有回应，无人知晓，也得不到奖赏，这时该怎么办？这个阶段就像打井快打到泉眼了，但是你因为一直看不到希望终止了工作。其实我非常理解这个心态，但是这里需要给大家讲清楚，我不会建议大家"坚持到底"，而是建议大家在设定一个长线目标时，如果预计需要花费不少时间和精力，那么就搭配设定一个短线目标，这样会较快得到正反馈。例如，写书是个漫长的过程，在这个过程中，我也会写一些短小精悍的博文，与网友交流，获得正反馈，对冲写书的漫长时光和孤独感。

负反馈，也就是外界有批评声音怎么办？建议你跳出情绪看事实，不自我否定，只优化和调整。首先，只要有声音，那就代表你做的事情被别人看见或者被议论了，这说明你做的事情有特点，值得看，不要害怕负面声音，有声音就是好事，这是一种振动与回响。其次，你要看负面声音来自哪一类人，这类人的认知和眼光大概在社会哪个领域，被某些人反对，或许恰好可以证明你做的事情符合一种新趋势和潮流，是好事。最后，在批评声音里找到值得听取的、有创见的看法，去修正自己的方案，不要被批评打倒，听到的批评声音越多，就意味着你的特质越明显，这有时不失为好事。

为什么很多人无法对负反馈建立耐受？这是因为他们没有把"事"与"人"分离，别人评论他们所做的事情和作品怎么样，就像批评他们的人格一样，使他们的内心开始动摇和崩溃。事情是事情，可以改，可以变，可以做任何调整。当出现外界反馈需要自己改变的时候，分离自己与事情。让自己的人格既保持一份坚定，即坚定地相信自己的生命价值和成长的可能性；又保持一份柔软，即行为的灵活性，去适应不同的境况。

第四，也是走出自我设限的宗旨——把自己当孩子培养，要耐心、宽容、有爱地陪伴自己长大。

你知道吗？我今年 6 岁。虽然我前段时间刚过完 36 岁生日，但我目前是把自己当作 6 岁看待的，因为前面的 30 年，我还在人类新手村，想的、说的、做的、接的工作、完成的事，都不是自发做主的，而是家庭、学校、社会给我派的任务。经过这些年的自我剖析、剥落、清空、重建，我到 30 岁时才弄明白很多事，才清楚自己真正想要什么，不想要什么，才算是开始过自己的人生。

我从混沌里走出来，亲自给自己"接生"，所以，我的新自我差不多是 6 岁。对 6 岁的小孩来说，一切才刚开始，我不能对自己要求过高，也不能着急，要允许自己慢慢成长，去体验世界，塑造自我。而我的每一点进步都值得欢喜，我可以把前 30 年在外界、学校、父母那里没有得到的包容与耐心一点点地给自己，因为这是我爱自己的最高级的方式。

如果按这个说法，你今年几岁呢？你要按照这个年龄去对待自己，养育自己。走出自我设限，剔除过去教育里的评判、责备、苛刻、惩罚，允许自己的温柔和善意先给自己，先让自己满意。

你一定可以的，你要多试试，就算犯错了也可以，走得慢也可以，没结果就当体验，有结果就为自己点赞。你能冲出小小的圈，奔向大大的世界，像艺术家雕塑作品一样，把自己塑造得越来越像自己喜欢的样子，在这个过程中，**不设限**。

03/CHAPTER

第三章

工作可以是快乐的

工作，只是为了赚钱吗

本章主要阐述金钱与工作的关系，扩展大家对这两个概念的认知，给大家带来更多的工作机会和更有远见的财富观念。

第一个探讨点，**什么是金钱？** 金钱是一种物质交换的媒介。金钱的基础意义是人在工商业经济社会中消费资源的购买工具，更大的意义涉及人活着的价值、尊严，甚至人生终极意义。很多人为没钱而痛苦，除了因为金钱短缺，自己无法购买心仪的商品；更多的是无法体现自己的生命价值，陷入无意义感和不配得感（因为心仪的商品很可能也是价值和身份的体现需求，而不是生活消费需求）。

人们为金钱着迷，迷的是价值、身份、阶层、自由；为金钱哀叹，叹的是匮乏、潦倒、无存在感、身心受困。以此来看，金钱在现代社会里最重要的意义就是给人们自由，让人们不再受困。如果你认同这句话，那你就成了金钱的"有效支配者"，即最大化地让金钱为你的时间自由和身心自由服务，不再为溢价和囤积付出金钱，你的生活会变得轻盈和简约，你可以调度金钱，而不是被金钱牵引。

以前，人们为了追求精致、高端、体面的生活，会掏空钱包买各种不符合自己收入的物品。近年来，人们的消费逐渐理性或者说消费祛魅，人们不再认为消费是生活的最大乐趣，更多人开始关注健康、慢节奏的生活、身心感受以及精神生活。这不是消费降级，而是回归，人们开始回归生活的本质和金钱的本来意义。

有钱是不是能解决所有问题？对于这个问题，我们很难得到一个确定的答案。但不愿意为了赚钱而透支自己的时间、情绪、生命力的人在过去被认为是"不思进取""碌碌无为"。有没有可能这种"不思进取""碌碌无为"就是生活的本来面目，而我们后天给金钱强加的内涵只是庞大的社会机器保持运转的能源需求，是竞争、追逐、攀比的燃料。我们逐渐忽略和忘记了金钱的本来意义。

当下，每个人都有必要思考和重估金钱在自己生命中的真正位置，是人生围绕金钱展开，还是金钱服务人生体验？

第二个探讨点，**工作的意义究竟是什么？**

在著名心理学家弗洛伊德晚年的时候，有人问他，人最重要的是什么？弗洛伊德基于几十年的心理学研究生涯和对人生的洞察，总结了两句话：去爱！去工作！

他说："精神健康的人总是努力地工作及爱人，只要能做到这两件事，其他事就没有什么困难了。"

心理学家弗洛姆提出了积极自由与消极自由，消极自由是"免于外在权威约束的自由"，积极自由是"以自我实现为目标，以爱和理性行动的自由"。他认为，通过创造性的爱和有意义的工作可以实现积极自由。

从这两位心理学家的观念中我们不难看出，工作对人生的意义是精神健康和**构建自由**。这可能和当下人们对工作的看法有点出入，因为很多人想起工作，就会产生对抗情绪，认为工作似乎只是为了赚钱，完全不是心理学家们说的那回事。这是为什么呢？

因为很多工作的性质已经变了，是"异化的工作"。异化指的是人变成了机器，只是重复着单调、无意义的动作。劳动不再是自由的、创造性的，而是强制性的、自我折磨的。做没有与人的本性、创造力、爱好、兴趣结合的工作，你就会产生"工作是一种不得已的应付"之感，这并非工作本身的意义——创造自我、完善自我。

工作失去了乐趣和意义，很多人无法真心热爱工作，只把工作当作赚钱的手段。人们赚到钱去消费，消费补偿心灵缺失，获得暂时满足，但消费完了，又不得不投入"异化的工作"，循环往复。很多人的梦想变成了"财务自由"，只要再努努力，赚到足够多的钱，保证衣食无忧，就退休、获得自由。

人，不一定需要财务自由以后才能享受人生，人可以找到一个既能发挥自己专长，又能链接他人、探索这个世界的工作。

我曾提出过一种本真的工作形式，这种形式更容易实现"财务自由"，它是这样的。

1. 计算自己每个月保证吃得健康、睡得安稳，减去很多不必要开销的最低生活成本。

2. 罗列自己当下可以谋生的技能和想发展的爱好。

3. 用 2 中的技能保证 1，吃好睡好，减少无效社交和精神内耗后，全心发展 2 中的爱好。

4. 钱够用，有一技傍身，争取把爱好也变成收入来源，做自己喜欢的事，按照自己的意愿发展和建立关系。

每个人都有资格追求这样的生活。如果你不再将消费当作获得快乐的首要途径，而是将顺应自己的优势作为获得创造性的快乐的首要途径，就会发现工作既可以获得生活所需，又可以作为精神乐趣。

这需要我们重塑价值观，即"我不再向外证明我是谁，我有多么成功，我的生活有多么优越"，而是"我要过简单、平静、悦己的生活，向内探索，创造自我"。

让工作与自我结合，工作的内涵不再只是获取物质和成功，而是逐渐让自己充盈、生动，获得更强的生命力。

第三个探讨点，**想赚钱，只能找工作吗？**

我想先从思维说起。

我们在高等教育体系里完成所学科目，获得学历证书，再通过人才招聘到各个企业的岗位，完成职场分配的职责任务，拿到薪资。这是一种我们从学校和社会里接收到的最传统的"找工作思维"，这个思维的优点是符合主流价值观，按照程序走，风险较低，收入能得到基本保证。缺点是企业提供的工作未必能发挥个人价值，不一定符合个人意愿，长期从事违背个人志趣的工作，会让人产生压抑感，当你的生命能量没有出口时，你会产生精神内耗和负面情绪，继而引发一系列的关系矛盾和冲突。

除此之外，我们熟悉的思维还有学生思维和职场思维。

在这里，我想将学生思维换种说法——**学徒思维**。学徒，在以前是指跟着有经验的师傅或导师学习某个技能、苦练某种手艺的人。随着工业发展和教育普及化，人们逐渐用义务教育和高等教育替代了学徒制的技能传承。而当下这个时代，很多热门行业的竞争已经趋于饱和，经济增速放缓，生产供大于需。有些大学毕业生已经无法满足很多行业的个性化和精细化需求，"学徒思维"悄然复兴，即熟练地掌握一门专业技术，服务相应人群、链接高净值客户，可能是未来真正属于个体的就业趋势。

学徒思维也包括学生思维，学徒思维能更加熟练地掌握技能、应用实效职能、主动发掘客户、独立完成交易合作、善于利用现有平台，而不是等待企业录用、等待稳定收入。学生思维，简而言之，只需你通过考试、写好论文就能拿到毕业证书，通过企业面试就可以入职，但是学徒思维需要真正掌握一门技能并链接他人，经营好口碑，并通过终身学习实现自我成长。

下面说说**职场思维**与**市场思维**。职场思维指的是写简历、投简历、面试、入职、被安排任务、做好本职工作、期望被认可、获得加薪或者升职机会。**市场思维**指的是站得高一些，观察研究交易趋势、人性需求、信息技术、自身价值挖掘、捕捉欲望流动，然后找到机会，利用或者创造平台，进一步转化变现。二者之间最大的区别是一个具有确定性，收益稳定，不太自由；另一个的不确定性增加，收益可能巨大也可能没有，非常自由。

市场思维需要一个人具备三项能力：①有自己的专业技能和知识；②对市场和人群的需求察觉敏锐；③善于利用线上或线下平台达成交易合作。

学徒思维和**市场思维**会扩大一个人赚钱的视野，激发其学习的兴趣，挖掘其潜能，同时还能积极参与市场，融入社会。它们使赚钱不再只是谋生，还兼有自我表达和关系链接的功能；人们不再需要通过消费体现自己的价值，因为工作这件事就是自己价值的最大体现。

总结一下，我们可以**重估金钱的意义，看见工作的其他可能性，拓宽富有个性的赚钱思路**。

金钱不再是生命价值体系的第一位，要以自己的兴趣和个人的潜能更为优先。我们要找到自己的兴趣或优势，通过学习打磨成自己的技能，再通过技能精准链接客户，合作获取资源，这样既赚到了钱，也能感受生机勃勃的生命力。

最后，我猜肯定有很多读者会提出异议："可是我不知道我能不能做到。""万一赚不到钱怎么办？""我还没有勇气放弃现在的工作。"这很简单，你只需放下怀疑、恐惧、担忧，用**副业思维**实践我以上的建议。即先用业余时间探索自己，培养一些兴趣爱好，学习新技能，尝试通过互联网等适合的渠道展示自己的技能，然后寻找机会，慢慢试水。你不需要完全放弃现有的生活，只需节省出时间和能量，给自己开辟另外一个赛道，凭着内驱力，每天做一些事，按照不费力的节奏，让时间给你答案。

我就是这样做的，我从一个企业白领来到直播行业，又成为心理咨询师，如今成为作家和品牌创始人。在这个过程中，兴趣是我的天然导航，同时我系统专业地学习和深耕自己选择的领域，通过各种机会展示自己的心理学知识和创作能力，让越来越多的

人认识我，这塑造了如今的我。未来，我还将不断探索、塑造更

多样的我。

工作和赚钱，其实就是通过入世修炼，与自己的心性、热爱，

与众人的欲望、需求产生深刻交集。你也可以更加大胆一些，体

验由你的身心潜能发现的工作形式和赚钱之路。打开自己，参与

世界。

最终你会发现，工作可以是快乐的，更是不费力的。

工作与欲求

我们为什么要工作？因为**想赚钱**。"想"就说明你有欲求，这里我把金钱与欲求放在一起，除了因为赚钱需要一个人有欲求作为动力，还因为金钱来自一个人对自己欲求的正视，以及对他人欲求的接纳和理解。

先说自己的欲求。很多人对自己真实的欲求并不明晰，或者一直回避着自己真实的欲求。

第一，很多人嘴上说想要挣钱，但没有为钱忙，而是忙着获得他人认可或者拯救别人。金钱的到来并不伴随着认可和美誉，反而很多时候伴随着诋毁和嫉妒。那些挣到钱的人也接受了这一点，这是一些把认可和面子放在首位的人无法理解和兼顾的。

这就造成一个现象：口口声声说想赚钱，但实际并没有那么渴望钱。这时候，你要认真问自己的潜意识，你到底想做一个直面自己欲求的成年人，还是那个等着被权威、他人、父母认可的小朋友。

第二，很多人不像他们说的那么爱钱，而是更爱自由、快乐、情绪体验、个人情怀等。

真正想要赚钱的人，会观察市场，洞察趋势和商机，筹谋行动，最后收网赚钱。你不得不感叹，他们是真的想赚钱，也是真的尊重钱。

很多人对别人的欲求并不接纳，也不研究，更懒得去满足。

如果你觉得身边有很多功利的人，很有可能是因为你并不接纳别人的欲求，不愿意面对"生命需要追求自我的满足"这一真相。

真相世界，即每个人都想让生命各个阶段的需求得以满足，并为此付出。在这个世界里，你会发现没有什么确定的承诺与保证、安稳与庇护，你必须学会在这个变化的趋势里生存、学习、工作，去尝试、碰撞、适应，满足自己，也满足别人。在真相世界，不变的是不灭的欲求，是人人都想在有限的生命里过得更好一些的欲求，这才是成年人的世界。

希望你像个成年人一样，能量涌动，参与交互。

人真正的成年不是 18 岁，而是第一次意识到一个事实：父母不是父母。这是什么意思呢？意思就是你要意识到你和父母是平等的，你开始平视父母。

人的肉身通过剪断脐带，与母体分离，成为独立的生命；人的精神也需要一次剪断，人格完成分化，成为独立的人。

许多成年人的烦恼来自他们一生未完成"第二次剪断脐带"这件事，他们一直在童年里循环，因为未分化，所以在人格上一直停留在自己是父母的孩子这一层面，他们与世界和他人的矛盾也源于此。要么缺乏力量，要么过于偏执，要么一直在寻觅理想父母，要么因为父母不符合期待而气愤和抗争。

为什么与父母的课题，会关联到欲求呢？如果我们在人格层面一直未与父母真正分离，欲求就会被遏制和压抑，自我会停留在儿童心智层面，我们看世界也隔着一层童真的纱。靠近他人，特别是建立亲密关系，在本质上都是在"找父母"。找到好父母则满足开心，找到坏父母则愤愤不平。

剪掉精神脐带，就像去掉那层纱，让他们终于能看清：每个人都是独立的个体，但也希望被满足、获得支持。你会看见更多人的欲求和期盼，烦恼和痛苦，帮助他们解决某个问题可能就是你的财富之路。

接纳和看见是第一步，**理解和洞穿**是第二步，**行动和转化**是第三步。第三步需要借助媒介工具，把你对人们欲求的理解转化成产品、内容、服务。

最后，我想聊聊金钱的意义。

无限推崇金钱是小看了自我，无限贬低金钱是小看了生活。

对我来说，金钱最大的意义是可以不用因为谋生去做重复无用的工作，去把自己有限的时间贩卖兜售。我在生活得到保障后，可以自由选择愿意交往的人，从事真心热爱的、有创造力的工作。

毫无疑问，钱可以让一个人活得更自由，去靠近热爱的事物和人。当钱财积累到一定程度后，你可以去做一份自己喜欢的工作。如果没有找到喜欢的人，单身也能过得自在许多。金钱拓宽了我们的选择权。

赚钱的意义，是看到现有世界以外的人和事，拓宽生命体验。要体验这些精彩，需要我们自己提炼价值，拿到解锁钥匙，进入下一关，让自己的潜能被进一步开发，让自我更新升级。

愿你大方拥抱欲求，让生命被好好滋养，活得更开阔、舒展。

在写这篇文章的深夜里，我的公众号收到一个读者的提问："晨曦，我总觉得自己特殊。其实我很普通，但我的内心一方面把自己捧得很高，另一方面又把自己踩得很低，老是在左右摇摆。"

我回答："对自己的生命来说，你很重要，也很特殊；对别人的生命来说，你可能只是背景，也可能帮助他成为自己。你成为怎样的自己，取决于你为自己和他人做了什么。"

读者问我："那这'成为'的'装备'是什么？"

我答："'装备'就是，用你的能力去满足人们本质的欲求。"

他问："那金钱和欲求的关系是什么？"

我答："金钱是你的欲求与他人的欲求产生交集、共振后的阵阵清脆回响。"

你愿意做一个"没有自我"的人吗

我在我的第一本心理学书《先让自己满意：勇敢成长，认真做自己》里曾经阐述了一个人找到"真自我"的过程与路径，以及如何打破束缚，获得独立思考意识和自主意志。而这本书是讲找到自我以后，如何把这个"自我"更好地发挥和表达出来，参与社会分工，链接他人，创造价值，获得财富。让生命与生命交互、流动、共同成长。

这本书会详细地叙述"**去我**"和"**存真**"，也就是教你如何把"真自我"里"我"的部分隐去，把"真"融入作品、产品、服务等载体，让载体更真实、更有个性、更有生命力，并嵌入社会需求，升华个人价值。

我将人的心理成长分为三个阶段。第一阶段，**没有自我，为别人而活**（是痛苦烦恼最多的时候）。第二阶段，**有了自我，为自己而活**（逐渐清晰稳定有序发展）。第三阶段，**放下自我，为整个世界而活**（有更崇高的使命）。

自我不是一个孤立的概念，它与他人的欲求是并存的。不过，这里的"满足欲求"不是没有原则地、不顾自己的意愿和利益去迎合和满足他人，而是发展自己的技能和专长，服务大众，与他人合作，获得存在感和成就感。自我的本质与个人的潜能、天资、技能和职能相关，但很多人容易走入在亲密关系里寻找自我的误区，耽误了发展真正自我的时间。

获得财富和良好关系的逻辑如下。要是陷在自恋、虚荣、怕死、好面子里，就要花时间、花钱去追求，以获得自我满足，但这些需求都需要通过消费来兑换，而且是暂时的。要是你能进入心理成长的第三阶段，认清自己的弱点和欲求，放下自我，去满足他人，你就能获得赚钱的机会，被他人真正需要，获得本质满足。

这就是**"去我"**，去掉并放下自我，站在更高的层次，去看见更多他人的"自我"，把自己的"自我"通过满足别人的"自我"的形式表达出来，满足大众的需求，让能量滋养能量，这是一种更高的"自我"，能帮助个体获得更多的价值、资源、影响力。人都希望自己能被看见，实现"去我"后，便不再是希望某个人看见自己，也不只是自己看见自己，而是被许多人看见和需要。

"去我"有三个"去"，**去情绪、去小欲、去分别心。**

在"找自我"的阶段，我提出要尊重情绪和感受，接纳欲望，保持个性和独特性，而找到自我以后，我们又要开始做减法了，即把自我的颗粒度拉到最大，然后让其自然回落，再进入群体，形成范式或者载体，增进群体的福祉。

进入第三阶段后，如果你感觉经过较长时间的心理成长，已经进入情绪较稳定，对自己较了解，社会认知较清晰的阶段。你想进一步改变和提升自己人生的体验感、丰富度，那么接下来，这些"给自我做减法"的步骤非常适合你，也会为你带来赚钱的机会。

我想强调一下，本书所说的"赚钱"，并非传统认知里的"赚钱"，本书说的"赚钱"是为了满足我们在人生这个场景游戏里做好玩的任务，结识有趣的队友，然后获得武器、储值金币、玩得尽兴的需求。它不代表自尊心、价值、身份，它只是一种供我们调取配置利用的资源，仅此而已。记住，它只是一个参考指标，但不是目标，更不是意义。

去情绪

什么是**"去情绪"**呢？去情绪指的不是没有情绪，而是指透过情绪看见事实，以及看见别人的情绪。

情绪稳定的本质是**心智水平高**。心智化就是理解世界和事物本质的能力。当你的心智水平高到一定程度后，你就不易被周围人的言行与情绪影响，会理解和接纳别人的情绪。

别小看情绪稳定和心智化，它会每时每刻帮助我们节省能量，越过细小障碍，直达目的地。我们还会很容易看到别人情绪背后的需求。

情绪一般可以分为初级情绪和次级情绪。初级情绪是对某些情况的直接情绪反应，是最快出现的；而刺激情绪是对初级情绪的情感反应，人感知和描述的情绪一般是次级情绪。例如暴怒是次级情绪，初级情绪是无力感；悲伤是次级情绪，初级情绪是无助；嫉妒是次级情绪，初级情绪是自卑。

无力的人需要力量，无助的人需要支持，自卑的人需要认可。

看见了吗？"力量，支持，认可"。而你能做什么来给人提供力量、支持、认可呢？这个思考的背后，就是你的财富来源。人们所有负面情绪的背后，其实是宝贵资源。只是曾经的我们总是急于反驳、对抗、隐忍，我们看不见人类情绪语言背后的需求。那些可怖的情绪背后都是渴求、呐喊、呼救。

你的"自我"就是你饱满的生命力，你的技能是你多年练习而来的，而你要面对的是人们情绪背后的底层需求，将你的生命力导入技能，满足别人生命诉求的能量补给，推动别人生命能量的流转和发展。希望你能多表达自我，也希望你愿意再深入去看别人的需求。

这是看见、理解、补充、推动、循环，是生生不息的流转。这看似是财富，其实是生命力的互相回应和反馈，共情和付出。

去小欲

什么是"**去小欲**"？小欲，即个人的**消费型欲望**。说它是小欲，并不是说它不重要，适度满足欲望是非常快乐的，但如果欲望只是消费型的，那只能给我们带来当下的获得体验，随之而来的是无尽的空虚。这样下来，除了物质的购入、囤积，我们并不能获得真正的成长，生命旅途可能变成一直"填补空虚"。

而去完小欲，就要获得**创造型欲望**，这个欲望是"种树"，它会让你看见新芽生长、并收获不同阶段的花朵和果实。有创造型欲望的人，会启动新的学习、新的尝试，把自我成长和改变当作最富有趣味的体验。让一个想法变成现实，使一个创意成为产品，最重要的是，我们自己也变了。曾经自卑、不相信自己的人，一旦有过从零到一、从一到十的突破，就会更加积极地开发自己的身心资源，把自己当作矿藏，或者一个长久的项目去经营和投资。

创造型欲望还需要突破恐惧。每突破一层恐惧，走出一层限制，我们就会发现自己原来有这么多的能量，有这么强的可塑性，这太有趣了。

去小欲就是不再跟风在外部世界争抢、内卷、消耗，不再追求粗钝的快感，而是回到心灵的根本欲望——精神成长与自我实现。心灵本就具备力量、资源、智慧，它渴望被了解和开发，只是很多人将它遗忘了，遗忘了自己本身的拥有。如果你感觉到这种遗忘不对劲，那就回来吧，去回忆、挖掘、复归内心世界，它蕴藏万有。

去分别心

什么是"**去分别心**"？分别心，指的是看事物的分别心和待人的分别心。

看事物的分别心，即二元对立思维，会使人变得虚弱。活在"好与不好""正确与错误""优秀与不配"这样截然对立中的人，也许只能获得一半的力量和一半的机会。因为他只能看到"好、正确、优秀"中的可能性，看不见"不好、错误、不优秀"里隐藏的可能性。

人怎样才能更有力量？怎样才能捕捉更多的机会？我们需要

学会接受所有发生的事情、不评判、不否认、不对抗，只去感受、了解、采纳、转化、表达。

待人的分别心，指的是看待别人的方式都带着自己无意识的投射，当人可以觉察自己的喜恶，然后收回投射时，便可以通过他人了解自己、整合自己，让自己的思维升级，视野扩大。

回避自己潜意识中的阴影面的人，会把阴影面投射出去，认为自己身边总有坏人和小人，只有自己最纯洁、善良、天真，同时心底总期待有好人和英雄来保护自己。他们的人生会一直重复"好人、坏人、小白兔"的剧情，这是一种儿童思维。

他人未必那么险恶，而自己也未必那么纯良。有了这样的认知后，我们看世界和自己的角度就再也不是单一的了。

把投射收回，整合阴影面，人格会变得更加立体和完整，让自我、他人、世界的复杂性共存。

人所爱慕的人，是"理想我"的正面投射；人所厌恶的人，是"阴影我"的转移投射。在所有的爱憎里，别被对方带偏情绪，要看见真实的自我，整合所有面向，经过对情绪和情感的理解，转化为更真实有力的自己。

记住这段话：**我爱的不是你，是我自己；我恨的不是你，也是我自己。我所有的爱恨，都是因为自己。**

去情绪，才能洞见别人的情绪，予以回应和满足；去小欲，才能启动更大的能量追求更高级的创造欲；去分别心，才能看见事实的真相，整合自我的力量。

找到自我，然后隐去自我，让你的工作、劳动、作品成为你的代言。

你愿意做一个隐去自我的人吗？

如何让别人深深地记住你

想让别人**深深地**记住你？那么就要以你能满足他们的某个需求为前提，需求一动，他们就会在第一时间想到你。

而那么多人，为什么非得是你呢？

关键词：植入心锚，稀缺价值，持续信用，复利效应

第一点，**植入心锚**。你叫什么名字？王二还是李翠？这不是重点，重点是名字关联的需求符号，让人可以第一时间想到，即王二和李翠能为别人做什么，解决什么问题，支持生活的哪个方

面，服务社会的哪类人群。

人行走一生，很容易"卡住"，想往前发展，但是没有路，没有方向，也没有支持系统。例如，失恋了无人可诉，想上班却没人带孩子，考试落榜，担心失业，遭遇婚姻危机，患有比较严重的疾病等。这些生活中的停滞和卡顿，让人感到痛苦，有时候还会因为痛苦又有了其他的拉扯、缠绕和争执，最后问题像卷毛线团一样越卷越大，直到某天你濒临崩溃或者变得麻木萎靡。

这就是低质量的人生体验，负面情绪远大于正面情绪，忍受多于享受，卡点无法突破，进而陷入更大的泥潭。

从难题中脱身，从卡点中突破，正向发展，并帮助别人，满足他们的需求。这就是你需要做的，让你的名字开始真正有意义，能被人记住，能获得机会。

举个通俗的例子。这条街上王二做的油条最好吃（早餐的需求），这个学校里李翠教书法最有水平（求知成长的需求），刘晨曦的心理学书籍可能是市面上最务实落地的心理学书籍之一（自夸一下）。

"覆盖区域，名字，需求符号"，这就是心锚，像一根锚一样扎在处于这个区域的人们心里。

第二点，**稀缺价值**。具有稀缺价值需要你的产品或服务有较高的受众满意度，且你的产品或服务要品质稳定，经得起检验。

稀缺价值就是在某个覆盖区域的某个细分领域做到前列，有别人不可替代的核心优势，并且可以终身学习和发展。

稀缺价值不是追求来的，例如我想教书法教到头部的水平，这件事不是由我说了算的，练习也不一定有用，因为我对书法既不擅长也不感兴趣，所以我也不必为难自己，换自己擅长和感兴趣的事情做就好。

稀缺价值是个人优势经过时间打磨出来的钻石，但令这颗钻石发光的前提是，每个人都要相信自己生来就自带别人没有的特点与优势，这点很容易被忽略，因为人的自我评价容易被周围的声音干扰，被已有的社会价值体系衡量后自己放弃，被养育人打压和控制，然后只能选择一条相对安全的路，这样虽不会出错，但也不会出彩。

要想一路寻找，去验证和打磨自己的稀缺价值，就需要我们有很强的自主意愿，有较强的自信和安全感，以及乐于融入社会，去尝试、碰撞、试错，去寻找机会，与不确定性共舞，直到找到自己的优势赛道。

第三点，**持续信用**。我们要把自己当作一个品牌去经营，无数次重复自己的位置、角色、功能，让自己的标签持续深化，使他人信任并产生黏性。

先说**持续**，这里也可以说是"**重复**"。在心理学中，重复效应是指任何一件事、一句话、一种思维，只要不断重复，它就可以在人们的潜意识中得到加强。最常使用重复效应的领域就是广告领域，很多朗朗上口的广告词早已深入人心，然而，仔细一想，这些广告词都是对的吗？真的是最好的吗？也并非如此。但是它在我们心中已生成自动联想，需要的时候，最熟悉的重复效应会将我们导向某种惯性，帮我们做出选择。

所以，在社交场合，我们都会不断突出和重复自己的名字和需求符号之间的紧密关联，如王二油条、李翠书法、刘晨曦心理学。

接下来是**信用**，也就是口碑，即人们的信赖。

信用是什么？信用是一种确定性、安全感，是不会出错和失误，不会落空和被骗的。起初，人们的信用源于父母的照顾和支持，但不是所有父母都能做到及时回应孩子，所以很多人是有童年创伤的，他们对这个世界没有安全感，带有猜测和怀疑。所以，能提供确定性的人、产品、服务、品牌有非常强的市场竞争力。

我们需要做到能兑现每一次的承诺，甚至超出他人的预期；每一次的问询都有回应，而且解答专业，有品质保证，让人心里踏实。满足人们的安全感需求，事事有回应，件件有着落，这是做人的道理，也是建立口碑的本质。

持续经营个人信用，既是赚钱的通顺管道，也是满足人性最基础需求的练习，能让自己越来越稳定、圆融、自信。你在生命中最渴望什么，就先成为什么，然后去满足和你一样的每一个人。

第四点，**复利效应**。复利效应最初是经济学中的一个概念，指资产收益率以复利计息时，经过若干期后，资产的规模会超过单利计息的情况。这里我们讲的是心理学和人生的复利效应，职业和工作的复利效应。我们每一天的投入不只是为了今日的产出，还有未来的利好。如此滚动，不断累计，最后的收获将会很惊人。

关键词：一石多鸟，过程能量，大师锤炼

一石多鸟，即做一件事情可以达成多个目标。高手做事都会尽量让同一件事可以达成多个目标，例如，我曾经做过多年情感直播，直播本身具备传播价值和付费价值，直播录制的视频又可以剪辑成多个素材作为课程的课件保留，应用在别的场景。在直播过程中收集到的现场提问和答疑又成为我写作的灵感和素材。把心理学作为直播内容呈现，也让我对很多专业问题的思考和反应更加敏捷、深入核心。这就是一石多鸟，做一件事，能产生多种结果。

过程能量，指一般人只能通过做事的结果获得成就和满足，兑换资源，继而又要拿资源去换得能量和满足，而在复利效应中，后面那个环节可以省去，即过程就是能量补给，补给又带来下一个过程。可以说，近乎永动模式了。做喜欢的事，就会产生过程即能量的效果，而且对于物质消费和娱乐的需求会降低，因为人生至高的快乐是创造。

一件事越做越喜欢，越喜欢越想做，如果这件事再兼具市场价值，那将多么幸福。

大师锤炼，是指去做一件值得深耕的事，这件事越做越精细，随着时间历久弥新，难以被超越。选择一个行业进入的时候，我们要尽量选择随着时间的流逝，可以沉淀价值、自我修行、不断进阶的工作，让时间和经验为自己镀金，年龄越大，这份工作越有价值，被越多人需要。

什么样的工作会有"大师锤炼"的特征呢？

与人心打交道的工作。人心是这个社会运行的底层逻辑，这一点永远值得学习、深挖、探索、总结。每个人的背景不同，要想真正在社会立足，且发展真实的自我，便需要扫盲认知误区。如果注重这类知识的研究和总结，那么随着阅历的丰富，我们会有持久的竞争力。

高度精细化的脑力或者手工工作。 高度精细化的脑力工作是指需要学习的、有门槛的技术，例如医生、工程师。高度精细化的手工工作是指需要长期练习才能达到的手工水平，例如非遗文化传承的老师傅、手工艺人。

创意与想象力的工作， 是指链接到自己的天赋，并可以通过一定的工具和手段，例如艺术、文学、音乐、科学等，表达有形世界背后无形的美与真知。

大师锤炼就像用年华和热情打磨一颗钻石一样，雕琢自己的才能，让每个切面日益成熟、光泽饱满，闪烁于世间。让个人价值与大众需求完美融合，不惧岁月，不负此生。

金钱就像水流，如果我们找到和挖通了合适的水渠，并随着时代、市场调整，那么金钱就会沿着水渠源源不断地滋养人的生命，让生命灵动和悦动。

心锚就是水渠，让自己的个性和自我浓缩为一个面向群体、满足需求的符号。先给自己植入心锚，不断内化，之后给别人展示鲜明特征和确定性的解决方案，打磨稀缺价值，持续经营信用，注重复利效应，让赚钱成为人生最有意思，也最有意义的事情之一。

是什么在阻挡你抓住机会

在通往财富的路上，羞耻感往往会阻碍我们去把握机会。羞耻感阻碍主要分三种：①羞于暴露自己，"我是谁，我会什么"；②羞于计算利益，"是的，我在乎钱"；③羞于借助力量，"我需要你帮助我"。

羞于暴露自己

被更多人认识，会在无形中给你的人生创造更多可能性。但对很多人来说，如果建议他们在某个场合介绍自己或者在互联网展示自己，他们的第一反应可能是退缩，原因是"我还不够好，没什么可展示的，万一被人笑话怎么办"等。这是一个值得分析的、很重要的自动反应，而这个反应让我们的人生在不知不觉中越来越狭窄、单调、封闭。

我们不得不承认一件事，在这个时代，被人认识和关注可以为我们带来财富。

对于将自己暴露在很多人面前，介绍和展示自己的特点、特长和作品这件事，为什么总是有人退缩、逃避呢？本质原因是"我不好"或者"如果我不够好，就会被嘲笑或者批评"，而不是"我试试""我练练""犯错了就当是一场演练"。

这可能与童年的经历有关，有些人在早年的成长经历中，当他们在表达或者尝试新事物时，可能背负了被评判、挑刺的压力，父母会在孩子表现得不够完美时，羞辱、嘲笑他们，这让他们在小小年纪就将"尝试"和"羞耻感"紧密关联在一起，在自己没有足够把握不犯错时，他们不愿意冒险去做，因为"犯错"和

"毁灭感"也是自动关联的。如巴甫洛夫的小狗，将铃铛声与自动分泌唾液联系起来。尝试与展示对这些孩子来说，被激活的是他们情绪底层的恐惧感，而不是好奇心。

而那些被鼓励或者没有鼓励但有自由空间去尝试的孩子，没有受到大人太多的评判，反而拥有自信和生长空间，遇到"好玩的""新鲜的"事时，会先试试再说，收到负反馈也打击不到他们。

在"新事物""新机会"面前，是往前踏出一步，还是犹豫回撤一步，二者带来的结果是不一样的。这决定了抓住机会的概率和次数。

可能有人会问："可是，如果准备得不好就表现和展示，岂不是给人留下了不好的印象？"实际上，同样水平的两个人，如果有一个更加主动地展示自己，能够带动别人情绪，那么他就更容易给人留下印象。展示自己以后，你会发现展示自己本身就是一件快乐、好玩且值得的事情。文章不是写好以后才能发表，你可以利用所有能发布文字的平台，写到什么就发出去；舞蹈不是练习好了才能跳给人看，你在练习过程中的记录也可以发到社交平台上，就算有人认为一般，你也会感到展示自己的快乐。

直到有一天，你克服了心理上的恐惧感和羞耻感，不再那么在意别人的评价，没有那些犹豫和纠结，自我暴露、展示、表达就成了你发自内心的、不假思索就想做的事情。

羞于计算利益

不知道你是否曾经感受过这样的羞耻和为难，既不愿意跟人计较钱，也不想让别人觉得你是一个在乎钱、计算利益、追求利益的人，你希望自己看起来单纯、不功利、不计较。如果自己真的安于现状，物欲低，不爱钱，倒也自洽，可如果你的内在还有小小的不甘心、不情愿、不满足，就说明你在欺骗自己的心，你被困在他人的期待中了。

一个"爱钱也在乎钱"的自己并不羞耻，这很真实，也让别人知道，与你打交道、谈合作都不要绕弯子，直接一些就好。所以，你要练习说出"对，我是来这里赚钱的""不好意思，我的服务和时间是需要付费的""最近我正在攒钱，不想花费不必要的钱""对，你说得对，我是一个现实的人，因为生活就是现实的""我的能力值得酬劳"。

当你放弃虚无缥缈的面子，远离浮华无用的消费，并不觉得标价和付费伤感情，承认自己在乎钱时，你会发现，金钱的能量会向你聚集并且流动起来了。同时，平时习惯通过打感情牌占你便宜的人，也在被你清理和远离。你不再为了"好人"的评价而生活，而是追求真正好的人生体验，即丰裕、富足、自由。

谈钱一点都不伤感情，不敢谈钱才一直在伤害你的利益和幸福。突破计算利益的羞耻感，会让别人开始尊重你的价值和劳动，也避免了很多不必要的面子开销，维护了你的利益。在很长一段时间内，我们也许要面对周围人的负面评价，但这便是生命力的恢复和自我养育，是让你成为一个独立、负责、强健的人的必经之路。

羞于借助力量

很多人不愿意也不擅长借助别人的力量帮助自己。他们对"独立"存在误会，认为独立就是靠自己。其实独立的本质是有自己的人生主张，自己人格独立、目标明确，并且可以大大方方地提出需求、求助别人、借助力量。

独立这个词具有辩证性，不只包含强，还包含弱。这里"弱"的意思是，清楚自己的位置，敬畏更高维度的力量，清楚地知道自己只是世间微不足道的一粒尘埃。越独立的人，越善于做自己，他们在发展自己价值的同时也能看清自己，擅长请教、学习、合作和借力。

那么，独立又如何借力呢？①明确自己的目标；②明确自己的优势和价值；③知道自己什么做不到；④带着①和②去寻找具备③的人，去主动问，主动链接他人，主动提出需求，并把自己最终获得的利益按照价值比例协商分享给对方；⑤任何想做的，但感觉光凭自己做不到的事情，都可以尝试按照以上步骤完成。

在尝试过程中，最重要就是克服羞耻，找人合作，向人求助，借他人力量。为什么很多人做不到这些呢？因为有三个信念阻碍了他们。

第一个是，**需要他人帮助的人是弱小可耻的**。

第二个是，**被人拒绝是糟糕的**。

第三个是，**与人合作是麻烦的**。

而实际上，需要别人的帮助才是我们生活的常态，我们无法真正在社会中独立，需要联结和合作。向别人说出"我不会做这个，你能不能教我／帮我一下"，如果对方愿意，则皆大欢喜，如果对方拒绝，我们也没有什么损失。

那么，别人为什么会愿意帮你呢？有时候，能帮助别人会给他们带来自信的提升，所以当你的身份变成"求助者"时，也许正给了别人机会，让他得到满足；这次帮助也给你们的关系留下往来与互动的机会，下次你可以用你的方式帮助或者感谢他。这就是关系的本质，互相亏欠，互相满足，互相感谢。

当然，被拒绝是很有可能的。但高手从不害怕被人拒绝，他们甚至会预设被拒绝的情况，但这不会给他们造成心理困扰与伤害，他们的思维是：万一成功了呢？这又给自己铺设了一条路，搭建了一座桥，增加了成功的概率。

有人认为与人合作是麻烦的。害怕在人际关系中给人留下"麻烦"的心理印象，这主要有三个原因：①小时候父母总是拒绝和漠视自己的请求；②关系里自己的主体感和边界感不明确，容

易被入侵；③对他人的高道德要求和理想化期待。

当父母在孩子需要的时候，毫不留情地拒绝或者不回应，孩子就会形成"提需求是可耻的，没用的，算了吧"的信念。这个信念让孩子越来越独立，也越来越远离关系，冰冷和倔强是他们最好的保护色。长大以后，他们凡事也都自己做，不求别人。实际上，成年以后，在具备生存能力和一定的专业能力后，与人合作才会有更大的舞台和机会。而他们的童年经历导致他们很安全地活在自己的小岛屿里，缺乏主动性。

关系中的麻烦心理还来自主体感、目标感、边界感没有建立完善，容易进入讨好模式或者战斗模式。讨好模式指的是压抑自己的需求和看法，为了关系和谐而迎合别人。战斗模式指的是一有不同意见或者冲突，就直接宣战或者断交。其实，你完全可以在做自己的同时，进入关系，在感觉不对劲的时候，温柔却有条理地跟对方说出你的感受和建议，在动态平衡中与人相处，不走极端。

当发现关系中的对方在利用自己的时候，有些人就会大惊失色，恼羞成怒。其实很多时候，双方互相有所图才说明这段关系是落地的、扎实的、稳定的，且自己能给别人带来实际帮助的。

其实，该破碎就破碎，该震荡就震荡，该受伤就受伤。人生是一场单程旅途，我们不一定非要完好无损地离开这个世界，有过跌跌撞撞，高低起伏，才算活过。

你可以活得更加开阔、主动、丰盛，抓住更多机会，你会有无限的可能。

晨曦
有话说

1　在人群里待一会儿，你就能察觉不同的人有各自的浅层或者底层需求，并恰如其分地通过自己的能力或者桥接别人的资源，各自满足。

2　这个世界越疯狂地争夺你的注意力，想各种办法让你花钱，你就越要珍惜你的时间、金钱、注意力，尽量关注能让你真正成长、身心自由的目标。

3　财富与关系，代表一个人主客观的圆融程度。过于主观无视外界和过于客观没有自我，都不利于获得财富和维持关系，主客观平衡，钱与爱就会流动起来，人与世界也连接起来。

4　金钱最重要的功能，是可以让人拒绝和远离让自己感到不舒服的人和事，换一份安静和清净，身心得自由，自我方可舒展。

5　金钱是能量，情绪是能量，科技是能量，艺术是能量，美好的容颜是能量，稀缺的信息是能量。这些能量不分高下，能量与能量之间的任何交换都是合理的。

6　很多人说喜欢钱只是喜欢消费时的挥霍和虚荣，但很少人愿意体验钱生成的整个过程，完成从零到一百的增长，一次次战胜羞耻感与恐惧感，不断锤炼对金钱的嗅觉。

7　金钱带来的快乐是有阈值上限的，它最大的功能是让人可以避开一些不喜欢做的事，不喜欢交往的人，不愿意待的环境。人可以用金钱给自己围一个桃花源，沉醉其中；但不能成为金钱的奴隶，活得仓促而庸碌。

8　金钱是一门交换的艺术，拿什么换钱，再拿钱换什么，这两次交换是一个人的人生境界的深刻体现。

9　金钱是我们与他人产生关系的一种方式。一个人不愿与别人产生关联，或者只与少数人产生关联，他的财富就很难流动和增加。赚钱，是指自己或者自己的职位、产品、作品与人的关系网络成倍放大及裂变。

10 喜欢研究"经营关系"的人，反而要多关注"个人成长""价值深耕"；非常关注"事业财富"的人，可以多学习关系中的看见、共情、理解。

11 为什么很多人无法获得想要的财富？第一，他们的身心能量被自己的内心冲突和关系变化牵扯和消耗。第二，他们对别人、市场、大众的需求漠不关心。

12 与其追求财富自由，不如早日认清：①有些物品是可以不买的；②有些事情是可以不做的；③有些观念不是天经地义的。不能解放大脑，自主思考，有钱也谈不上自由。

13 如果没想通以下两件事，一个人可能很难实现财务自由，或者就算实现了也未必能承载财富：①你想在这个世界改变、创造什么吗？②你有就算赚不到钱也愿意去做的事吗？

14 研究自己的内心世界，借此通人心；雕琢自己的稀缺价值，借此通财富；明确自己的核心需求，借此选择人。关系、财富、人心的底层密码都是自己。

15 有形的财富：资金、房产、土地、矿藏；无形的财富：健康、关系、情绪、思维。

16 人类的慕强心理不一定是崇拜财富和地位，更多是被强者的能量、意志力、行动力所吸引。强者像太阳一样发出光和热，生命力蓬勃。与其说人类慕强，不如说人类慕的是生命力。

17 拥有创造型安全感，自己就是移动的财富，无论走到哪里，只要自己启动能量去行动、思考、结交关系、参与合作，获得财富的机会就会随之而来。

04/ CHAPTER

第四章

建立舒服的人际关系

自我关系：走向丰盛之路

丰盛的自我和丰盛的关系，二者几乎是同时出现的，像源源不断的能量循环，在不断地流动和成长中，人与人既独立又关联，演绎着丰盛的人生。

丰盛，过去指的是富有物质资源。在未来时代，丰盛可能代表强大的精神内在，信息传达，能量滋养，技术创新。认知、精神、情绪的需求得到满足，并且要学会顺应势能，建设自己的职业和财富，是未来人们的富足标准。

丰盛的自我，指一个人有不断学习和成长的精神，内心饱满充盈，他们可以不断启迪和影响身边人。在这样的前提下，丰盛的关系是平等的、相互尊重的、高质量的，能够互相支持和影响。

丰盛的反面是匮乏和缠绕。匮乏是指无法内求、内生、内在成长的人，他们无法主动创造，满足自己的需求。缠绕指两个匮乏的人以"爱"的名义，将对方视为满足自己人生需求的客体和工具，他们看不见对方，只看见"我被满足了"或者"我不被满足"，然后生气、争吵、纠缠，如此消耗彼此的心力，在不知不觉中度过一生。

所有关系的前提，是建立不断向内生长，趋向丰盛自我的信念。

向内生长的前提是，相信自己的内在力量，愿意内收注意力，内观情绪，了解自己、打开自己、挖掘自己、塑造自己。

很多人的人生之所以还没有变好，是因为之前和现在还在等待父母／伴侣／小孩变好，或者在等待未来出现一个人让自己变好。如果等待和期待别人的想法不改变，注意力就会一直向外，你就很难真正变好。心有所待，则无所作为。

你注意什么最多，生命主题就是什么。多注意你在注意什么，养成主动调整注意力的习惯，你就是在修改你的人生。把与目标无关的琐事和关系都清理出你的注意力范围，眼睛只锚定人生目标和与个人意愿相关的信息和资源。无论发生什么，你都不被影响，保持执行和推进，休息和充电，这就是注意力内收的人生，可以自己调整心神范围。

进入情绪，就是进入心海。当人无法直面情绪时，就会任由情绪拉扯，如同海面随浪翻滚，容易身心分离，困在痛苦里，并会因为痛苦去宣泄、撕扯、缠绕。苦上加苦的人生开始了。

直面情绪是离苦的第一步，别在海面挣扎了，潜入海中，感知负面情绪在心里的每一次抽搐和游动。你的恐惧如此清晰地暴露出来，怕吗？我知道你怕，可我希望你选择一次，试一下，进入这个情绪的纹理中，链接到它的渴望、惧怕或者呼唤、求救。你听啊，你的心需要你，它渴望被你看见、安抚，如同海底有一座沉寂多年的宝藏，呼唤勇士：别怕，来吧。

看见负面情绪里藏着的脆弱、无力、痛苦，就像潜水时置身于深海，害怕周围的环境。实际上，属于你的深海探险才刚刚开始。如果你敢于把紧绷的身体舒展开，迎接水流的引领，自然呼吸，静静等待，你会发现深海并不可怕，黑暗里隐藏着小鱼，还有五彩的珊瑚。你看，你的身体里还藏着勇气、自信。

了解自己，打开自己，反复进行这样的畅游，觉察、分析、理解、转化负面情绪，深入自我，整合能量。

挖掘自己，塑造自己，打造新的体验，延展行为的可能性。分解情绪后，你会发现你比想象中有更多可能性。你可能学会了愤怒，可能更加感性，你变得会去主动演讲，开始对新事物感兴趣，可以安静地独处很久，对身边人更有耐心。

持续这样的自我挖掘与塑造，在现实中体验蜕变后自己的生活有何不同，这就是自我不断成长、丰盛的过程。

你不再逃离负面情绪了，开始让恐惧、焦虑、无力、迷茫淹没自己，完全被淹没后，你会看见海里的光，那是你的自我内核，在创伤记忆的包裹下散发光芒。你独自穿越风暴，不被毁灭，反而变得更加坚实和璀璨。

如果无法独自进行这样的尝试，那就去寻找你信任的咨询师，让他像潜水教练一样，挽着你的手，给你穿戴好潜水设备，和你一起入海、下潜，陪你一起穿越海底风暴。

人生不再是一场又一场的逃亡和抓取，你会逐渐体验到其新奇、轻松、有趣之处，找到隐藏的内在资源，将其转化为能量，创造财富，链接关系，这就是从匮乏到丰盛的开始。

外界的关系是爱满自溢的分享，是相似的灵魂彼此看见，深深映照，相互支持，是独立的星星相伴相依，辉映寰宇。因为向内生长的人都在建构一个能量自循环系统，这个系统来自自生、内驱、源源不断的动力，所以他们既可以做到自足，也可以与关系分享外溢的能量，没有过度索取、期待、要求，只有"我选择了你，你在我身边，这就是最好的事情"。

向内生长的人，能接纳对方的本质，不再期待完美恋人或者完美朋友，也可以梳理自己的情绪，对身边人的情绪需求并不太高。与他人的沟通更多是分享感受，传达信息，能量共振。

从自我成长，内求探索开始，发展丰盛的自我、丰盛的关系、丰盈的人生、丰富的体验。希望这一章能给你全新的思考和体验，如同一场海底漫步，漫游人生、自我、关系。

原生家庭关系：你不只是他们的孩子

在我的上一本书里，我写过"走出原生家庭的十个步骤"。
在这里，我想提出一个不一样的说法：你不只是他们的孩子，你
的自我有更丰富的内涵、更宽阔的延展空间、更深远的意义。

当你在现实中遇到困难（恋情、职场、人际等）时，请试着
去原生家庭中找答案，这个答案可能就是解锁心理能量的钥匙。
越了解自己的情绪卡点，直面自己的创伤事件，就能越多地解开
自我封印，能量也越充足，现实中的困难便迎刃而解。

除了你是父母的孩子，你还可以把自己当作地球的孩子、宇

宙的孩子。你在不断地思考、输出、链接，在寻找同频的伙伴，他们可能跟你喜欢同一本书或欣赏同一部作品、喜欢同一个学科、迷恋同一个故事，这些都是你的"心灵家人"。人生其实就是不断走出既定命运和狭小圈子，寻找"心灵家人"的旅途。

血缘关系是出生已定的，而**心灵**关系则是心的颤抖和共鸣、支持和理解。心灵关系是联结人际关系的纽带，需要非常成熟的人格作为基础才能平等、尊重、有爱地交流，也能接受离别和结束。这样的关系需要完成原生家庭课题的人格才能建立。

那为什么我们要完成原生家庭这个课题呢？有三个原因：①经由原生家庭创伤，理解人类的共同命运；②由童年的被动与恐惧驱使，习得一些基本的生存能力；③让此生旅途的苦乐更加鲜明，体悟更加深刻，不白来一场。

首先，德国心理学专家伯特·海灵格创建了"家庭系统排列"心理治疗理论，他发现在家庭系统中，有一些隐藏着的、不易被人们意识到或觉察到的动力，操控着家庭成员之间的关系和家庭成员人格的发展，这个动力是"爱的序位"，它隐藏在社会及文化的标准或规则之外运行，人们在意识中无法察觉到它，潜意识却一直受它影响。

爱的序位也可以称为爱的自然流动，如果跟随爱的自然流动和家人相处，家庭关系会更好，家庭成员都能够快乐、健康地成长；如果爱不流动，序位也失衡紊乱，家人会受困扰。海灵格将这些困扰称为"牵连"，很多人的身心问题其实都是"牵连"造成的。"牵连"可以说是"重复之前的家族成员的命运"，家族创伤不断代际传递。一个人的某个恐惧反应可能并非因为自己的经历，而是来自自己的祖父或者其他亲人的创伤复现。这给我们带来从家族和历史角度出发的心理治疗解析观。

在心理治疗中，咨询师会与来访者分析和溯源个人成长史、原生家庭创伤，同时也会通过创伤看见更深的创伤，即父母的童年经历，再从父母的童年经历看到祖辈或者更往前的祖先经历过的事情。如同剧情层层推演，来访者会通过个人的咨询，看到历史事件是如何给自己的祖辈和父母辈造成某些不可逆转的创伤应激反应，并衍生出一系列情绪和行为反应的，这些反应作用在自己的童年环境中，并渗透和弥散，形成了自己的主要性情基础。

例如，某位父亲一贯强势的原因可能是体验过垂死感，所以有强烈的生存危机，对自己和子女要求特别高，甚至不留情面；有些母亲的冷漠是因为没有被父母善待，于是产生了一系列隔离、冷漠、强势、焦虑、依赖等倾向，在自己成为父母后同样无意识地如此对待自己的孩子，形成了个体的原生家庭创伤。

当我们疗愈自己的创伤时，我们不只是疗愈自己，穿越时间迷雾，我们看见的也不只是父母、祖父母，而是人类的共同遭遇。你的身心创伤里暗藏着人类在发展历史中的种种痛苦、嘶喊、泪水、挣扎。这种对苦难的大视野，是对原生家庭和个人悲苦的立体化透视，更重要的是，你的身体和心灵不只是你，你要打开、解读、成长，要成为一个更加丰富、深刻，拥有悲悯心和大智慧的人。

其次，童年逆境的礼物——必要的黑色能量。黑色能量指的是人在绝境、逆境、困境中，发展出来的应对策略和激发的动力，让人在短时间内可以迅速应对挑战，获得安全感，逃离危险，进入心理安全区。这些动力来自"恨、愤怒、嫉妒、屈辱"，很多时候驱动人的除了热爱，还需要这些"黑色能量"，带给人爆发力和忍耐力，甚至让人超水平发挥。

例如，因为童年被小伙伴嘲笑说话有口音，所以他更愿意提升普通话水平；又如因为被抛弃和孤立过，所以他更加独立，更有成长的意愿。苦难不只是苦难，更是提示，提示孩子们如何在艰难的日子里努力奔跑，超越逆境，展翅高飞。

黑色能量的对面是**爱的能量**，在独立、稳定、安全以后，我们也要学会松弛下来，学会沉静、悦己、安然。成年后，能整合好黑色能量与爱的能量的人，有一种亦庄亦谐的魅力，他们力量与温柔并存。

最后，经由原生家庭创伤，生出深刻的人生体悟，进入智慧境。

只有自己经历过绝望和痛苦，才能看见别人的痛苦；只有自己在痛苦中停留，才能清楚地看见只有心跳和意识的生命之地是怎么回事；只有在黑色隧道里彷徨和惧怕过，才知道如何照亮整片黑暗，带领那些同样迷茫的人们走出来。

不只你一人有创伤，我们只有体悟过自身创伤被疗愈和转化的过程，才能切身体验痛苦和救赎、绝望和希望、黑暗和光明，这样的生命体悟才是真实的。泪有温度，苦有余味，恨生力量，爱才能无穷无尽，穿透崖壁，给自己和别人带来光芒。

我知道你可能没有那么幸运，但请你记住这段话：别把生命太珍藏，该破碎就碎，该震荡就震，该受伤就伤。

不害怕

不害怕失去，生命会遇见新的可能。

不害怕分别，孤独是一场自我遇见。

不害怕失败，与世界碰撞积累经验。

不害怕死亡，死亡和新生是同义词。

人生，不害怕任何发生，直面所有可能，

每一次的破碎，都是重塑、站立的开始。

——致"打不死"的自己

亲密关系：自我成长的路径

处理好亲密关系能让一个人格单一扁平的人，变为拥有丰富的人格，强大的身心，以及无穷的智慧的人。

亲密关系是最好的镜子，能照见一个人心灵深处的秘密，使一个人愿意直视原生家庭的真相，揭开他个性的压抑隐藏，以开启心的能量。人经历的每一段亲密关系，都能够帮助我们酝酿、发酵、提炼一个新版本的自己，开启人生新的旅途。

亲密关系的发展有四个阶段：**爱欲唤起，启动与交融，分离与整合，自我新生。**

第一阶段，**爱欲唤起**，即你会莫名其妙地对一个人感兴趣，脑海里总是想到对方，不由自主地关注对方的动态。有时候你也想不明白为什么会喜欢上这个人，你强迫自己转移注意力，但很难做到，他的名字、声音、面容总是浮现在你的脑海中。这是爱欲唤起，是人难以自控的。

为什么偏偏会被那个人唤起爱欲？有很多解释，我认为有三个理由：①那个人是自己父母的升级优化版；②阴阳能量的平衡需求；③自卑面的补偿，压抑面的释放。

不要觉得爱情很玄妙，一个人一辈子爱上的人一直是同一类人，只是在不同阶段有不同分身。你会爱上谁，在你的童年就已经确定。那个人跟你的父母有点相似，但又具备他们未曾满足你期待的个人品质，也就是**父母的升级优化版**（但很多时候也只是看起来）。

例如，一个男人的母亲很强势，虽然他嘴上说不喜欢强势的女人，但他在潜意识里无法抗拒有强烈生命力的女性，如果女性刚开始能对他温柔体贴，他就会不可自拔地爱上她（但是关系后期这个女性的强势依然会显现，就又进入关系的冲突撕裂期）。

什么是爱情？爱情可能是我们在童年时对父母之爱的衍生与萦绕，源于未满足的遗憾，未疗愈的创伤等。

第二个理由，**阴阳能量**的平衡需求。中国自古以来就有"一阴一阳谓之道"一说，生命能量可以分为阴性和阳性两个面向。阳性代表外向、主动、有爆发力；阴性代表静止、内收、柔性。在一般情况下，阳性会被认为是男性的特质，阴性则被认为是女性的特质。一阴一阳，一男一女。但事实上，阳和阴并不一定完全对应男和女，作为个人，每个人的体内都有一定程度的阴性和阳性特质，人要学会平衡二者的力量，刚柔并济，既注重理性和力量，也注重内心的柔软和包容，让自己变得圆融，更好地活出自我。

爱情就是平衡阴阳能量最直接的方式，一个阴性能量过剩而阳性能量不足的女性，可能会爱上阳性能量足的男性。同理，一个阴性能量不足而阳性能量过剩的男性，也会爱上一个阴性能量足的女性。通过相处，补齐自己缺乏的能量，也就是阴阳能量调和。每个人都渴望能量平衡，这样才能让能量流动，焕发活力。

第三个理由，**自卑面的补偿，压抑面的释放**。很多人的真实自我一直在封印中，他们被原生家庭和社会规训封印，从未真正表达并释放出自我这一强大的能量，所以一旦遇到那个很像被自己封印的，深藏多年不敢表达出来的一面的那个人，就会奋不顾身地爱上。还有一种就是从小因为某个短板被人嘲笑，例如身高、相貌、学历等，曾经为此自卑，所以内心一直不甘，希望找到能补齐这一点的另一半。

对爱情的执着，也是对生命圆融的执着。生命为什么无法圆融？不是因为遇不到一个人，而是自我的一部分被深深压抑，不见天日。越是爱而不得，越意味着要活出自我。寻找自我需要深挖，深挖则需要拥有面对早年创伤的勇气，这个过程太痛，所以很多人挖了一下就放弃了，转而寻觅一个理想的爱人来爱自己，他们认为这是一条能得到解救的路径，然后又陷入更深的执着。爱情是提示的信号，提醒人们去打开、挖出、解救被深埋的自我。

所以，在亲密关系的第一个阶段——爱欲唤起阶段，一个人就可以觉察大量的信息，能看清楚自己喜欢对方的哪些特征和品质，这些是否跟自己童年的创伤息息相关，也可以了解自己的能量特质，更可以发掘出自己隐藏在深层次的压抑和自卑。对别人的迷恋正好是一次全面解析自己的机会，看见自己平时没有看见的部分，这是绝佳的成长契机，也是我最喜欢的阶段。在这个阶段，大量新的自我认知会冒出来。我知道，我正在通过我的爱人打开一个通往新自我的密道。

第二阶段，**启动与交融**，也就是进入真正相处和热恋的时期，也是人们最喜欢和热衷的阶段。这个阶段有三个特征：**心理退行、颅内幻境、权力满足。**

心理退行指的是，在某种特殊情况下或者时期内，人们放弃了成熟的方式，而选择用一种幼稚的方式去处理问题的一种行为。退行心理之所以会产生，是因为一种被自己用来防止焦虑、逃避现实的防御机制作用的结果。爱情中的心理退行没有那么严重，更多的是两个人退回到小小的二人世界，彼此关注和满足，感受到强烈的依恋，什么都不想思考，产生类似儿童依赖父母的黏腻情感。简单来说，像个孩子一样活着。比起成年人在现实中的生存和竞争，这样的日子确实非常舒适，但遗憾的是，这是不可持续的。两个人中一般会有一个人提前结束心理退行，另外一个人如果滞后的话，就会感觉到强烈的失落。

颅内幻境指的是，在热恋期，大脑分泌的神经递质，例如多巴胺、催产素、肾上腺素会远远超过日常平均数值，人会比以往体验到更多的美妙、浪漫。这也是爱情的魔力，吸引着人们前赴后继地投入。可以说，因为爱这种奇妙力量，人才有动力去追求更美好的自己，期待更美好的伴侣以及更好的亲密关系体验。爱神的呼唤，是人间沙漠的甘泉，无数的诗歌、故事、歌曲、传说因此而生。

权力满足指的是，爱情是我们最容易接触的指挥棒。这一点对女性来说尤其重要。她们误以为自己渴望爱情，让一个男人因此对自己服从。当一个女人意识到自己对权力的渴望时，她才能更了解自己的本性，了解爱情的本质，绕过压抑和自欺，真正获得力量和自由。实际上，女人渴望的可能是权力，渴望对外部力量和资源的支配，渴望支配感带来的快乐和自由。

　　在描述第二阶段时，我比较冷静和客观，也许是这个阶段重在体验和享受生命的快乐，希望大家品尝生命中难得的甘霖，减少防备和恐惧，全身心投入，好好爱一场，让爱滋养自己的灵魂，特别是那些动人而难忘的场景，因为这可能是我们最深刻铭记的瞬间。因为，这是爱。我会如同品酒一样沉浸在这有爱的光阴，啜饮爱情。

　　第三阶段，**分离与整合**。注意，这里的分离指的不是分手，而是一段亲密关系会经历的疏离、涤清、分化，但是很多人误会彼此，也忍受不了这样的空白寂静感，所以很容易在这一阶段分手。若能度过这个阶段，亲密关系就会进入更加融洽和舒适的新阶段。

为什么之前明明那么相爱，却开始彼此疏离了呢？有两个原因：①自我保持独立的需求以及对于吞噬感的恐惧；②激素和能量的回落期，爱的燃料自然消耗。这其实是很正常的调整，但被很多人误会为不爱了。

什么是"吞噬感"？它是一个具备主体感的人格，在紧密依恋的关系中，也会有被吞噬和缠绕的危机感（哪怕没有发生），自我需要在两人的关系外，有呼吸、喘息、凝聚的时间。没有原因地想一个人待一会儿，如果伴侣不理解，就会产生误会和争吵，其实他只是想一个人静静，如果伴侣的性格是稳定的，有自己的发展需求，那么你们就会理解彼此。

什么是"能量回落期"？双方在热恋后，身心需要一个适应期去感受新的能量状态，在这段时间人的需求不再是想爱和被爱，而是体悟和安静，无法给伴侣浓烈热切的反馈，这会让伴侣产生一定的落差。如果了解人的身心成长和能量整合规律，伴侣就会允许这种落差的出现，接受对方的表现，但很多人的依恋模式是焦虑或者回避，能量回落期往往会引发早年被抛弃的创伤，做出伤害彼此的举动，让关系出现危机。

离开一段时间，拉开一段距离，是为了让两个人格走出粘连状态，独自生出更好的觉知，学会内求，在宽敞的成长空间里成为自己。等双方各自成长后，相似且互相需要的能量还是会让两人继续在一起的。这就是分离与整合，这个分离指的不是两个人分开，而是人格暂时从关系中抽离出来，独立成长。

我曾经讲过，爱情不是简单的"爱"和"不爱"，而是动态的发生和发展过程，有很多的模糊不定，甚至动荡，这非常考验伴侣之间的信任，特别是对自己的信任以及保持对发展过程的耐心和接纳。

最后一个阶段，**自我新生**。自我新生同时也是关系的新生。这个新生指的是两个人在前面分离与整合的震荡后，以新的自我面对对方，产生新的共振体验，还是同样一个人，但又不再是过去的模样，熟悉又新鲜。这就是真正的关系成长。

大家可能会发现，我在这篇文章里都在讲自我如何觉察和成长，而非讲如何经营好一段亲密关系。无论处于哪个阶段，你都要清楚地觉知，感受自己在爱情的潮起潮落里，体验自身存在的状态，照见自身的不圆满，然后吸收、转化、成长。

在爱欲唤起阶段，发现大量的内在隐藏信息；在启动与交融阶段，补充大量能量；在分离与整合阶段，经历争吵和冷战。我相信这一路走来，你会更加深刻、清晰地看见自己的每一道伤痕，每一次愤怒，每一刻期待。

请你学会看见自己，学会安抚自己的孤独，学会倾听自己的渴望，学会引领自己的灵魂，让自己扶摇直上，拥抱内在的力量。

我猜，你肯定会问："我的爱人呢，在这个自我觉察和成长的过程中，我还需要他吗？亲密关系的意义何在？"

我的回答是，他是你灵魂趋向圆满的信使，是了解自身的镜子，是尘世间温暖的回应和陪伴，但请你记住，他能带给你的，不在于付出了什么，而在于陪伴你这一路的成长进程，开启你的能量，提升你的灵魂维度。你最终会明白，爱情不是为了两个人的圆满，而是通过照见，形成自己的圆。

以爱为镜，照见心灵，直面自我，整合成长。

职场关系：为自己的人生打工

作为一个多年的自由职业者，我对于职场的观点也许能给大家一些新的启发。我必须承认，我并不擅长在细微处打理职场关系，我更善于跳出职场来看职场，让职场关系的本质浮现，让人生的整体意义和个人的长远发展超越职场这个概念本身。

职场原则是，无论你去哪里，在哪个企业，为谁工作，都要始终记得，**你唯一的老板是自己**。职场心态决定了职场关系，职场关系的处理和经营将为你导航，导向属于你自己的前途。

职场矛盾的本质是忘记抽离、看见、分析自己和同事以及老板真正的位置和应扮演的角色。

职场矛盾与原生家庭心结有一定的相似性，很多人在心理层面容易把老板看作家长，期待他的认可，在发生不公时等待老板裁定公正，其实他们忘记了老板只是给你发工资的人，他不是家长，他的认可和嘉奖体现不了你的真正价值。你是自由的，要看见事实，工作是为了赚钱，可以少一些情绪。

职场冲突来自人们无意识地将对早年家庭的感受和对父母的情绪投射给了老板和同事，老板扮演了父母的角色，同事扮演了兄弟姐妹的角色，于是你入了戏，不自知地纠缠着、烦恼着，怎么也长不大、离不开。

看清楚以上两点，你会看淡很多问题，减少很多情绪，能一眼看清自己对职场的滤镜，并敲碎它，看见真正的职场，把它当作一群人等级分明，合作打猎，并等待首领分配猎物的地方。

那么，怎么面对**职场排挤和欺凌**？

总觉得有人故意欺负自己，这是职场最大的误会。其实没有人针对你，只是大部分人追求职位升迁，利益最大化，在满足欲望，争抢结果的路上，发生了推挤和摩擦。虽然这让你感到不舒服，但你需要理解其本质。如果看不到本质，你很容易被一些人的小动作带偏，把精力浪费在争口舌之快上。这是一个陷阱，避开陷阱最好的方法是，对职场中的所有人都降低预期，看见人性的本质。

职场中还有一类人，他们虽然没什么野心，安于现状，不爱争抢，但是由于工作长期停滞不前，生命能量无处释放，他们会通过指出别人的缺点，让自己获得优越感，释放隐秘的攻击性，从而获得心理满足，让平静的生活多点乐子，仅此而已。

有竞争关系的地方就不会让你太舒服，每一种不舒服都是在提醒你：要不要早日掌握一个核心技能，或单干，或跳槽，或选择自由职业。如果不舒服的背后，有值得获取的资源和经验，那就为了自己的前途与未来暂时忍受，但不能违背感受，过度美化苦难，把忍受吃苦当作美德自我感动。

实际上，**职场心态**主要分两种，"**往上走**"和"**往外撤**"。

往上走，需要对职场规则有深入且全面的了解，看清楚自己的位置和各部门的局势，为晋升到管理层做准备和铺垫，直至达成目标；**往外撤**，需要目标明确，考量利益，积累经验，做副业，铺后路，时机成熟及时外撤离开。拥有这两种心态的人最后都会过得比较舒服。

最不舒服的就是进入职场却还有学生思维的人，认为自己只要努力就会被老师表扬，就会过得好，也没花心思在自己的个人发展和后路铺设上。最后，要职位没职位，要副业没副业，进退两难，怨声载道。请记住，在职场，不要把选择权交给别人，不等待被谁认可，早点看清局面，亲自布局。

我们要建设打工人的**主体感**和**目标感**。身在打工，心有所期。

如果你有自己的目标和计划，那么职场只是你的修炼场和跳板，老板也是在为你的未来打工；如果你没有自己的目标和计划，再高的职位和收入依然还是打工人，还在为老板的认可服务。

主体感很重要，目标感也很重要，要知道自己是谁，未来要去哪里。每去一个企业，你都要问自己："来这里是为了什么？"为了收入就关注薪酬机制，为了资源就多走动学习，为了升职就关注晋升渠道。如果还有其他目的或者产生了负面情绪，那就问自己在这个地方是不是为了满足童年的心理需求，是不是为了交朋友而获得群体安全感，是不是寄希望于企业能给自己归属感，等等。多追问自己，才能了解自己的心理漏洞，去修复和填补。

在职场关系的碰撞中，整合自己的不合理期待和潜意识匮乏，逐步建立主体感"我是谁"，目标感"我要什么"。永远记得，要为自己的人生打工。

最后，给自己踩出一条新路——**副业思维**。

副业思维是指在职场外学习精进一门新技能，并通过技能扩展人际关系，交流合作，累积经验，增加收入或者自立门户。副业思维说起来简单，但很多人做不到，这其实跟能量的无序耗散有关，如果没有看到我前面讲的四点，除了上班时间和工作任务，人的部分情绪容易被消磨在职场关系中。

保持冷静、客观、清晰的视角，觉察和整合自己的内心，节省情绪能量，将重心放在自己身上。人可以做到职场发展和副业养成双管齐下，让自己永远多一个选择。

处理职场关系其实是在处理自己与竞争者的关系。

如何与竞争者相处，即接纳一个事实：资源有限，优胜劣汰，同时保留合作意识，团结精神，尊重彼此。这需要整合两个逻辑，利与爱如何同在，不因协作而沉溺和依赖，也不因竞争而愤恨和抗拒。能和小伙伴一起享受共同成长的时光，同时也能面对他人在利益面前的私心和自利。

敏锐觉察，保持求知。愿意成长的人，会在职场中淬炼得更像自己，有属于自己的职业方向，全程控场，成就自我。

职场既是试金石，也是照妖镜，更是思维和视野的考场，独立性与依从性的测试卷。最后，希望大家不畏"考题"，在职场实现自我价值。

导师关系：改变你命运的人

这里说的导师，就是你的人生导师，是辅导、提携、改变你命运的人。

你有可能遇到能改变你一生的人，他说的一句话或写的一本书，又或是某一个举动，给了你从未听到和想到的信息，从此打开你看社会的一扇门，让你走出蒙蔽，少走弯路。

人与人之间最有价值的给予，是**信息**，特别是超出自己认知范围的信息。导师便可以给你带来未知信息，因此导师也可以称为贵人。贵，指的是信息的贵重。

想要遇到这样的导师或贵人，要做到两点：①"直心"做人；②价值交换。

第一点，"直心"做人。当我们说一个人很真，就是指他有一颗"直心"。什么是"直心"，就是心灵没有防御和掩饰，只是存在和表达，从内向外直接散发光芒，传递信息。身边人既像被照耀，又像被安抚，有一种温暖、舒服的感觉。"直心"做人不只需要简单与真诚，还需要有欲望的自知，物质的自足，人格的成熟，也就是对人"无所求"。

假设你站在商场五楼的中庭，往下看，一楼广场有很多人，你可以看见每个人的表情和动作，但他们看不见你，你要观察每个人，然后选择一个人成为你的人生助手，你可以让他坐直梯来到五楼与你合作。在这个情况下，你会选择哪个人？

我猜你会选一个"可预测""可使用""可合作"的人。第一个"可预测"，指的是那个人的行为路径有自己的目标和原则，你能看清他需要什么，不需要什么，这样就可以为在五楼的合作建立信用保证。我猜你大概不会选那些走来走去，看起来什么都想要的人，因为这样的人欲望杂乱，没有坚定目标，让他来到五楼，只会给你惹麻烦。

举这个例子，就是想让大家明白，做人要直接真诚，目标坚定。不直接，绕弯子，目标不清，欲望杂乱，会让你丢失很多好机会与可能性。

人，清与轻（清爽轻盈），导师才有意愿提供帮助；浊与沉（浑浊沉重），导师不会耗神在这种人身上。如果想链接到好的关系，遇到导师，最好只表现出价值和真诚，即**个人价值**和**态度真诚**。

第二点，**价值交换**。导师一般掌握着常人没有的资源、知识与信息。但一个人在成事的路上，一定有自己做不到的事情，导师也需要援助、支持，需要多样化的人才库。这就是我们的机会，提供某种技能、专长、价值，换得自上而下的提携。

无论导师是否出现，专业技能和稀缺价值都是值得我们用一生去追求和打磨的。我们应该用自己的所学所会去交换自己的所需所欲。

有人说自己什么也不会，但是情商高、会说话、懂人情世故，这类人需要警惕人生后半程会在某个阶段，进入明显的瓶颈期，因为人生前半程靠着人缘和人情有所小得，过得舒服安逸，觉得自己不需要下苦功学什么，就能得到贵人垂青。而其实作为导师，可能最无感甚至厌弃的就是这类人，因为情绪价值只在某一维度的人群里有交换价值。

还有一类人，他们具备我们所说的能力、资质、经验，但为什么迟迟没有抓住机会呢？很简单，因为他们的内核不稳，内心虚弱，人格不够成熟，除了自己的专业，他们对其他领域的知识涉猎不足，在关键场合容易紧张失态，人际关系和家庭关系也容易出问题，即"不稳定"。他们的个人专长一直在精进，人格却没有成长，这类人的未来存在隐患（欲望、利益、关系、情绪）。导师为了回避某种人格缺陷带来的风险，也不会选择这类人。

所以，想要有较高个人价值的人，先得学会踏踏实实地做好一件事，能把一件事做好的人，需要面对自己的内心，仔细检阅，并且学会与自己和他人相处。

人在遇见导师之前，还需要先培养两颗心——**敬畏心和平常心**。敬畏心就是谦虚，这颗心是被高维信息或力量碾压后，产生臣服感的衍生品。平常心是指不期待导师降临，扎扎实实地磨砺技能，在每一天的日常里，深耕个人价值，即使没有任何人的提携，也能保证自己未来自足、自立，日子过得不错。

最后，什么样的人可能是你的导师？怎么识别呢？

第一，贵人语迟，吉人少言。能量越高的人，越珍惜自己的时间，越会筛选与之产生交集的人选。

第二，他不会纵容和助长你的懒惰幼稚，要么有价值交换，要么你的成长、你的生命力，会给他的生活带去乐趣。

第三，你最终会明白要创造自己的价值，合作和交换才是关系的本质，成长和感恩才是做人的根本。

希望大家将注意力放回自己身上，踏实地建设自己的人生，内观内求，同时开放链接。在导师没有出现之前，先学习可学的知识，自重且自爱，做自己的导师，成为自己的贵人。

晨曦🎤
有话说

1　爱，是一个人在物质充足、人格成熟、精神世界丰富的基础上，发展出来的对他人的善意、尊重、关切、支持。

2　孤独是在世界之外观赏世界，社交是在世界之内参与世界。

3　忠诚来自真挚的爱情和成熟的人格，并非来自贫瘠的保证和辛苦的克制。

4　感情里得不到、放不下的人，只是一个载体，这个人是你的情绪、欲望、期待、心结等的载体。

5　当你不再牺牲、承担，你便会开始从长计议，如何让双方都独立起来，实现自我成长。有时候，爱需要冷静甚至冷漠。

6　好的关系，能让你情绪流动、能量充沛、身心自由，坏的关系则会让你情绪堵塞、能量低迷、身心受困。

7 过剩的拯救欲要不得，你要知道，每个人都是自己命运的第一促成者和第一负责人，别人的不幸不是你造成的，你自己的不幸倒是非常需要你去早点改变。

8 一门心思地经营关系，费心费力，会让你疲惫；全情投入经营自己，可以让你变得丰盛、轻松、简单。

9 我选择与你在一起，不是因为我爱你，而是因为我爱自己。因为与你在一起时的我最可爱，于是我把这种感觉也传递给你。我们一起可爱。

10 破情关，其实就是破自恋，破除认为自己独一无二，这世上有一个人为满足我的爱情而生的自恋。

11 人言（人的言语评价）只是人们一时的喜好、立场，甚至偏见，不是真理，更不是你的桂冠或者囚笼。学会利用人言，但不因于人言。

12 创造，是我要让这个世界不一样；消耗，是我要让某个人如我所愿。

13 恋爱本身并不痛苦，人之所以感觉痛苦，是因为他需要在这件事上验证自己的价值，获得保障和安全感。

14 爱自己是爱别人和爱世界的第一步，把自己养育得健康、强壮、能量满满，如同怒放的花、高挺的树，才有能力对别人好。

15 在大部分情况下，人对某个人感到痴迷的原因是还配不上。把痴迷所耗费的注意力与能量收回来，花在自己身上。

16 放下对别人想法的研究，因为对方可能都不清楚自己在想什么。

17 一个人对别人最大的善意就是：允许别人不改变。很多时候想拯救和改变别人，只是你的一厢情愿。

18 真正的放下，需要经历勇敢进入、充分体验、看清、厌倦、离开，当这个过程完整走完时，自然会放下。人生是一次次的开启和结束，不要盘旋打转。

19 有钱和被爱的人，有一个共同特征：他们有不拘一格的生命力，很少墨守成规、唯唯诺诺。

20 人不需要用言谈认识彼此。如果实在要通过交流认识，那么一个人如何回应别人比如何介绍自己，更能体现他是什么样的人。

21 你可以通过观察一个人如何对待别人，如何对待自己，从而看到他内心世界是什么样的。

22 关系会给人力量，独处也会给人力量。学会独处有助于经营关系，在关系中交往映照也会更了解自己。

23 "认真地生活"需要三个倾听：倾听身体，倾听情绪，倾听身边人；做到眼里既有自己，也有别人；不忽略自己的身心，不漠视别人。

24 自爱是一条准入线，进入这条线的人和爱，才能留在你的生命里。自爱程度越高，亲密关系质量越高。

25 什么样的关系很难建立，建立后也很难维持？那就是你的
人生很需要他，而他几乎不需要你的关系。

26 人们对于亲情过于看重信任，对于爱情过于狂热痴迷，其
实友情才是最常帮我们度过人生重重难关的拐杖。

27 真正被人义无反顾地喜欢的人，从不是讨好型人格和卑微
的付出者，而是自我鲜明、活得热烈、有生命力的人。

28 若你有一个爱而不得的人，可能是因为你一直在回避你的
自我。自我压抑越深，爱情故事越虐。你不爱自己，你的
爱需要抛出去，送给对方，如果对方不回应，你就会感到
破碎和痛苦。

29 一个人不尊重你，并不是因为他不懂人际交往的常识，而
是因为他发现不需要尊重你，也可以维持这段关系。

30 叛逆、独立和孤僻的个体，往往压抑着与他人建立积极关
系的需求和欲望；与他人共生，依赖关系的个体，则压抑着
独立自主的需求和拥有主动权的欲望。

31 你感受到的别人的爱，是你的爱在对方灵魂深处反射回来
的光辉。也许有时候有的灵魂没有反射你的爱，但这并不
意味着爱不存在，也并不意味着你不被爱。

32 最舒服的情侣关系，是你们不只是情侣，还是很好的朋友、
聊得来的知己、利益一致的战友，以及人生合伙人。

33 依照你的本性去爱，这样才能遇到适配的、不费力的关系，
爱人也是与自己核心能量匹配的；违背本性过度付出，关系
会建立在有耗竭风险的基础上，到头来，极可能成为一场
空欢喜。

34 如何拥有一段高质量关系？那就是不带期待地去爱，不带
索取地去给，不带要求地允许对方存在。

35 一段关系是不是适合你，能不能滋养你，让你的身体说话，
让你的精神面貌说话。人擅长自欺，可身体诚实。

05/ CHAPTER

第五章
人生，不费力

做事不费力
爱的不费力
放空和放慢吧
晨曦有话说

做事不费力

这一章重点讲"心法"，即如何让自己进入不费力的身心状态，不费力地实现人生目标，不费力地开始行动。

想要过好这一生，做成一件事，人需要能量、目标、行动。有些人有目标，也在行动，但因能量不足而无法持续；有些人的能量是足够的，但是目标不清晰，不知道该往哪里行动，导致能量分散。如何统一和平衡三者，形成有效系统，就是"不费力"的关键所在。

很多人做事费力或者很努力也不成功的原因，不在于行动，而在于**能量与目标**。人要根据自己当下的能量状态去制定目标，然后展开行动，不要反过来。如果能量不够，又挑战大目标，行动跟不上，就会造成更多的心力耗费。所以你要先看自己处于什么状态，再决定往哪个方向去，然后决定每天做什么、做多少。

首先，一个人什么时候才能知道自己**想要、有能力且有信心**做成一件事呢？那就是在他身心能量足够多的时候，在身心自然舒展的时候，在内心没有太多恐惧的时候，他的生命会像河流一样，自然地泛起浪花，他的内心会有一个声音：这是我喜欢的，这是我想要的，我感觉这件事来自生命的召唤。自然而然地，他就可以循序渐进地尝试和探索了。

很多人不明白这个声音来自哪里，何时会有，这说明他们与自己的心太疏远了，或者说他们是自己身体和心灵的陌生人，意识一直游离在外，为他人与外界而活，不属于自己，外界的声音和信息干扰了自己内心发出的信号——"我不舒服""我很喜欢""我想要""我不要"。其实身心一直在给我们传递我们自己的喜恶，从未停止，只是我们听不见或者听见也没有尊重。

外求太远，杂音太多，心的信号塔失效已久。

怎么恢复信号？需要我们养育自己，让心安全和放松、清晰和敏锐，让心的觉察力、判断力、决策力复苏。

在积蓄心理能量的过程中，很多人会急躁，他们急着快点做事，急着提速赶路，急着抵达目标，无法停下来放空自己，连休息都要掐着时间。对他们来说，似乎漫无目的地生活一段时间是天大的罪恶。他们追求速度、效率、结果、成绩，习惯上了发条的生活，无法放松下来、慢下来，不愿空出自己的时间和心房，不想倾听"我的身体在说什么，我的心灵在传递什么"。他们做不到，他们太恐惧，认为慢、停、空是一种浪费和懒惰，会让自己落后、失败、碌碌无为、失去价值。

而成功、价值、超越又是什么呢？是无论如何你要先链接到自己的内心，先关注自己的生命发展，学会与自我意识对话。

"我的心脏，你好吗？""我的背部和腰椎，你是不是有很多压力？""我的情绪，你怎么了？""我的感受，你刚才似乎很不舒服？""我的心，你是不是正在难受？"

有很多人向我咨询："晨曦，为什么我练习正念、瑜伽都没什么用，还是很焦虑？"我回答："因为你连做正念和瑜伽都设置了目的，它们本身是纯粹的，是静止、凝聚、空白、舒散，让你的意识在身心安住，不被干扰和催促。可很多人在练习正念时就像在给车加油，他们总是想着'好好练习，我好提高效率，精力更好'。"

这样做给我的感受是三个字——"不自然"。

如果一个人陷入迷茫，不知道自己为何而活，往哪里去，那请不要急着找目标，而是要先倾听、感受、厘清，在这个阶段善待自己，好好吃饭、休息、生活，让身体不再紧张，让心舒畅，听它们在说什么。然后顺应这种指示，继续生活一段时间。你要相信，当心逐渐发出信号波段后，它会跟你说"我想要，我喜欢，我能做，我试试"，内心的声音会指引你方向。但前提是，你要相信你足够有力量和智慧，能给出最准确的指引。

其次，到底什么样的**目标**是适合自己的、值得一试的、有意义的？我认为，不如想想"到底什么样的生活是令我身心舒适的，感觉生命有光的，哪怕只是体验过程也是值得的"。

就像你把爬上本地最高的山设定为目标，是因为你喜欢爬山；你把为家人煮一日三餐设定为目标，是因为你喜欢烹饪；你把成为网络写手或者小说家设定为目标，是因为你喜欢写作。目标就是把喜欢具体化、专业化并使其落地。目标并不复杂和高深，只是拉长了喜欢的战线。如果我们在实现目标的同时，可以满足他人需求，市场职能化，交换物质资源，那就更好了。

但最好不要以物质、市场、他人优先，放弃自己的喜好和专长。你看见大家急匆匆地往哪里去，就在哪里赚钱好了。可是，这未必适合你，你也未必能坚持，最后未必能有产出。而那些坚定自己喜好，愿意坚持长期主义，并能兼顾市场和他人需求，善于交换的人，是能稳稳地走到开花结果的那天的。

有人会问："可是，最后目标没有实现怎么办？"这里，我们需要对**"实现目标"**进行动态分解。

怎么算实现目标？是考取证书、考上大学、被大公司聘用吗？这些只是阶段性的目标实现。想要真正实现目标可能是综合性的，是一个人生故事线的展开。例如，你在考取证书的过程中，发现了自己更加擅长的科目；你在应聘某个职位的现场认识了一个重要的人，从而建立了一段重要的关系；你在减肥的过程中，开启了营养学的学习；你因为想要追求一个喜欢的人，便开始研究心理学。

目标实现可以是一个人爬到山顶，也可以是在半山腰发现新的路径，或是爬着爬着发现自己更喜欢组织大家一起活动。目标不是单一项，而是围绕你的意愿和喜好展开的一个场景游戏，一路都是收获。你可能无法实现全部的目标，30%的习得和进步也是实现目标。人生是动态向前、发展变化的，定目标只是定方向，但不是最终的结果，你每天都在发现新的自己。

目标重要吗？重要，因为它是一个方向，人生如旷野，需要我们定一个方向探索；目标也不重要，我们永远在开发自己，行走在生命体验的路上。所以我经常鼓励我的来访者定个目标，细化到近期目标和远期目标，同时我对他们强调不必将目标当真。如此认真，却不当真，要求我们具备灵活、持续的心态。认真是想投入体验，为此奔忙，不当真是不执着，对很多可能性，睁开眼、敞开心。

目标是海上的灯塔，可以赋予我们勇气和希望，但它不是桎梏和考核，我们可以有自己的节奏，在通往目标的路上，收获比目标更丰富的人生大礼包。这是一种弹性、长远、灵活的目标感。

请记住，不要让自己宝贵的生命痛苦，要循序渐进地调整，去慢慢接近幸福本身。让目标的存在，变得没有勉强和为难。希望你先找到目标，然后忘记目标，出发。

最后，开始行动。这是很多人觉得最难开始和坚持的，难就难在难以做到上文说的两点。人天生是爱动的，特别是愿意追寻有兴趣和有希望的目标，这是人的本能。不想动，动不起来，反而是异常和反常。为什么呢？有三个原因：**①对外自证压力大，导致乐趣丧失；②长期内耗，心理能量弱；③不懂得细化和分解行动计划。**

第一，如果要做什么事，你首先想到的是做成了别人会怎么看自己，自己应该如何展示，这就是"自证需求"大于"体验需求"。当然，你完全可以思考如何装饰自己，只是你一定要认真审视这件事是否合乎自己的兴趣和优势，是否产生内驱力，而不是别人在做，你也要做。

第二，虽然有合适的目标，但心力虚弱。一个人的大脑内存空间如果有很多过去的心事没有清理，每天又被新产生的未被疏解的情绪困扰，久而久之，这些心事和情绪就像垃圾程序一样冗余在后台，让电脑的运转速度越来越慢。一件小事你都要花费很久才能完成，每天很难开始行动。这就是长期精神内耗、不管理情绪的后果。你并不是懒惰，也不是不努力，而是心力不足、心事太多、心乱太久。对此，多觉察和感受自己的心理状态，在此基础上去做事是最好的方法。假如心力不足，哪怕有再多的时间和体力，你依然做不好事。

真正能够成事的人，是尊重和遵循心力的人。没法做事时，你应该先养心力，然后循序渐进，无须鞭策责罚自己。

第三，不懂得细化和分解行动。科学分配时间，把计划的战线拉长，学会每天不费力地做一些任务。持续下去，让时间积累复利，量变产生质变。学会与时间做朋友，培养耐心和韧劲。

总之，做事不费力，要从能量、目标、行动三点着手分析。如果没有目标，那就先积蓄能量，暂时停下来，去探究自己的兴趣和优势，提升对自我意识和社会生存的基本认知；如果无法行动，那就先看心力是否足够，目标是否适合自己，自己是否又在急躁和从众；如果没有能量，那就注意自己是否长期在自我否定，或者正处于一段极其消耗的关系中，又或者童年创伤造成的不合理信念依然在盲目驱动着自己，自己从未真正理解过自己的内心世界，导致陷入能量不足，却一直竭力向前的困局。

人是喜欢做事的，喜欢做自己擅长或者喜欢的事，希望自己的人生有意义和价值。我们做事费力的原因不是能力不够，而是远离了自己的心，放弃了主动权，被人群推搡着往前，丢失了自己的步伐、节奏和方向。

去做一件事吧，**慢慢来**。希望你能真正享受做成一件事的过程，贯彻始终不费力的原则。

爱的不费力

爱是一道亘古的命题，如何爱得不费力，其实就是"如何做自己，如何能量充足，如何爱满自溢"。

本篇的关键词是：**自我、能量、爱**。

爱别人的前提是，你正在做你自己。你尊重自己的情绪、感受、意愿，你活得大方、舒展、自信。在"做自己爱自己"这道题上回答正确的人，才能去爱别人，让别人感觉自在舒服。

做自己的三要素是：**尊重、允许、养护**。

尊重别人的前提是**自我尊重**，当人们能看见和感受到自己的各种情绪，特别是感到不舒服时，更能理解别人的痛苦和为难。一个不尊重自己的人，很有可能在长期勉强自己、逼迫自己、委屈自己。这样的人看似在"付出"，其实他们并不理解别人的感受，强硬地为别人好，爱变成了"虐待"。

所以，爱别人之前，请先好好感受自己的身体与心灵，以及情绪的波动，真真切切地感受自己的喜怒哀乐，尊重自己内心发出的每一个喜欢或者厌恶的信号，选择接受或大胆拒绝。这样对待自己一段时间，你会不由自主地复制这种方式去对待你的爱人、家人、朋友，你能体会到他们的开心和不适，自在和别扭，也就更懂得如何恰如其分地爱他们。

人们不会辜负和拒绝爱，人们抗拒的是以爱之名的"强买强卖"。

允许自己，指的是当自己做不到、做错了，或者不愿意做的时候，允许这样的自己存在，不指责、评判、强迫自己。

在物资匮乏，生存艰难的年代，人们需要迎难而上，获得生存资源。但是如果人们已经实现了衣食温饱，获得了生活保障，他们更需要的则是发展精神需求、思维能力、创造力、想象力，而这一切要靠情绪自由和心灵舒展实现，要去"找乐子"，例如兴趣爱好、创作、新的科技与艺术、灵性生活之美。这需要人们进入全新的思维，即只打磨优点，放弃内心不情愿做的事情，去寻找喜欢的事做，允许自己无所事事一段时间，让思维澄清，让灵感浮现。

什么是**养护自己**呢？就是养育和爱护。这两个词我们一般用在对待植物、动物这样的对象上。而现在，我希望你对自己也是如此。

养育自己，了解和筛选自己摄入的食物、停留的环境、身处的关系，精心对待自己，如养育一盆花，宠爱一只小猫，呵护一个宝宝。

爱护自己，即不过分攻击和否定自己的人格，不过分苛刻审判自己的疏忽过错，不忽视回避自己的情绪。真正的爱自己，是接纳、珍惜、肯定自己的存在价值，倾听和回应自己的每一种情绪。哪怕狼狈、脆弱、无力，也可以被自己稳稳接住，被温柔安抚。

最高级的爱是对自己说"我爱你，我永远爱着你，无论你变成什么样子，无论你处于什么状态，无论别人怎么评价你，我的爱从来只增不减，伴随你的整个生命，哪怕死亡都无法改变这个事实。"

至此，"做自己"的课题就差不多结业了。你会逐渐体验到什么是能量充足的生命状态。

能量充足，指一个人的知情意行处于一个流畅闭环。想法、情绪、表达、行为都为一个目标和意愿协作。不要小看这个"协作"，很多人憋闷和较劲就是由于他们内心想要的和实际说的、做的、表露出的情绪是分裂的，造成身心系统的紊乱和损耗，导致低能量和负能量状态的出现。

请注意，能量充足并不是指你要一直处于高能量状态，而是你在任何状态都可以自我觉察、分析、对话，都能陪着自己，待情绪被理解，待能量缓缓流动，让自己免于受惊和恐慌，应对每一种处境。

在心力不足的时候，人们处于低能量状态。能量高的人并不是没有低能量状态，相反，他们也会有状态不好的时候，只是他们不对抗、不强求、不拉扯，只是静静地在这种状态里感受和体验，并读取负面情绪传递的信号。他们耐心读，耐心听，耐心照料自己，耐心在生命的海浪里起伏。

还有一种负能量状态包含着"毁灭、吞噬、憎恨、嫉妒、下沉、堕落"，这是一次自我下探的机会，去看看自己的阴影面。人们的才华和天赋有可能藏在负能量里，链接不到本我的人是很难找到这些"宝藏"的。

我们必须跟自己的本我相遇，然后娴熟驾驭，获得自由翱翔的能力。你有没有过自我下探，跟你的本我会面的经历？

只有直面自己内心的阴影、污浊和黑暗，并将这部分接收、转化和整合后，你才有足够的能量和认知去接住外界的负面反馈。对可以承受冲击和转化吸收的人来说，负能量带来的快乐与动力不亚于正能量。形成负能量接受转化整合机制以后，你便可以接住外界发生的所有负面反馈。

综上所述，**能量充足**的意思是在任何状态、情绪下的自己，都值得陪伴、分析、整合，不逃离、不回避、不压制，只要活着，任何遇见都是礼物。

最后，我们来到了**爱别人不费力**，也就是**爱满自溢**。请你先问自己一个问题：你能做到每一次给予都轻轻松松、不用力、不费劲吗？

对于有些关系，我们也许能做到，比如对路人、邻居、同事、不熟的人，我们可能会尽举手之劳，在给予后不关注回应和结果。对于另一些关系却很困难，例如爱情关系或者重要的友谊、与家人的关系，我们不由自主地会多给一些，也会多期待一些。这就会自己带来压力、失望、怨恨。为什么呢？因为我们在这些关系里把自己的存在看得很重要，无比重视每一次关系的交互、付出与回报之间的平衡，以此来确认自己的价值。

关系有一个法则：**适度关注**是好事，承载过多关注和期待就会过载，关系容易破裂和瓦解。其实在重要关系里，我们会不由自主地倾注过多，一方面是因为爱对方，另一方面关系其实变成了我们与父母关系的期望的投射。

每个孩子来到人间，都是从父母的回应和评价里确认自己是谁、自己有无价值的。如果从父母处得到了正反馈，这个孩子就有了足够的底气和自信，可以落落大方地表达爱并且付出和回应，也能承接住无回应关系、负反馈和离别，因为他知道，自己是可爱的，是有价值的。他会自信、稳定，在关系里心态也比较乐观和松弛，不容易恐慌、焦虑和愤怒，不期待关系赋予自己价值，他本自俱足。

但是，实际情况是，很多孩子来到人间，他们的父母往往正在为生存焦头烂额，或者父母就无法排解负面情绪，所以对孩子的需求有可能没那么及时满足，甚至是漠视或者糟糕对待。这样的孩子会认为，别人很容易不喜欢自己，我必须乖巧懂事努力才可以，这样我才能被爱。他们在长大以后，会在关系里小心翼翼、迎合讨好，同时也把别人对自己的回应视为自己的价值。如此一来，关系就不再是关系，而是一项"我到底是谁，我是否值得，我是否重要"的投资、较量与证明。这样的爱不是爱满自溢，而是"我多么爱你，我要看你会如何对我"。假如没有理想的回应，那爱就变成了习惯性付出，同时掺杂失望和愤怒，导致越爱越疲累，越爱越无力。

什么是爱满自溢？你的自信和底气一直都在，你表达爱是发自内心的，你付出爱是毫无压力的。轻松自如地付出，让别人舒适自在，是你在关系里的态度，你用心但不用力。你的价值要么来自原生家庭的养育，要么来自自己后天的养育，要么来自关系的交流与滋养，但你并没想过在关系里验证什么、等待什么、依赖于谁、求谁认可。你的爱是流水潺潺，不是投资理财，爱是自然发生的，是生命本身带来的馈赠。

让爱自然，让关系简单，让表达大方，让付出轻松，这就是爱满自溢的四个宗旨。

爱的不费力，其实就是要学会做自己，学会养育内心能量，学会在关系里自然轻松地给予。如果爱得有些费力，那就暂停一下，看一下是不是没有从源头开始尊重自己的感受，自己本身的能量是否不足，付出的时候是不是有所期待和要求。确认了以后，就请开始修习更正，换种方式，换个心态。

闲暇时候，你可以去看看草木如何生长，鸟鸣如何动人，云雨如何缠绵。这万千世界，因缘聚会，自然生长，爱从来不应该是费力的。

放空和放慢吧

放空是澄清，放慢是顺应。

《人类简史》的作者尤瓦尔·赫拉利曾说过，人类进化发展经历了狩猎文明、农业文明、工业文明、互联网时代，人类其实在不断实现物质生产的飞跃，又将自己不断困于更紧密的牢笼。狩猎时代，人们每天只需工作打猎 2 小时就能满足日常能量需求；到了农业文明，人们必须花更多时间在庄稼作物上，而且群体固定在土地上，无法自由流动，发展出了等级秩序；而工业社会更是让人们进入高速发展的状态，并且贫富分化、阶层对立，心理危机更严重。

赫拉利认为，当人类的每一个文明替代前一个文明后，人们的工作时长越来越长，生命质量不断下降。直到如今，现代人追求效率和结果胜于一切，包括牺牲自己的身心健康，闲暇变成了奢侈或懒散、堕落的同义词。

"忙工作""忙事业"是光荣的，"不做事""休息""放松"是可耻的，这两个评判深植人们的大脑，不需要任何外在监督和审判，人已经在脑海里随时挥舞着皮鞭，自我鞭策，随时惩罚。但，我们是否可以对此提出疑问呢？

首先，在人生层面，毫无疑问，发展事业是为了获得更多物质资源，这样可以加速物质交换、流动，丰富生命体验。人渴望在有限的人生里，尽可能不虚此行，而事业能帮助自己实现自我价值。然而，事业只是通往这样的人生的一种手段，但不是唯一手段。因为流动与丰富需要稀缺信息和价值，创意和创新，舒展的身心，稳定的情绪，充盈的情感。如果做不到以上几点，人再忙碌高效，又能比得过机器、计算机、人工智能吗？这个问题需要我们好好思考，这样在未来时代，我们才会有真正的事业和机会，而不是只表现出很忙、很充实的样子。

其次，一个完整的人格需要具备四个特质：**欲望、真实、自信、爱**。尊重欲望才能活得真实，因为真实才能让你自信，有了足够的自信，才能爱己爱人。在过于紧张的节奏里，人的欲望空间会被压缩，人们无法展现自己真实的一面。没有欲望和不真实的人，缺乏力量和思想，做事大多跟随与盲从，无法产出真正的结果，同时也无法实现自我认同。对自己不接纳，就无法爱自己。

所以，为了拥有**丰富的人生、完整的人格**，人们需要有一段放空和放慢的时光。接下来我将详细讲述如何放空和放慢。

什么是放空？放空指的是我们的心灵有没有足够的空间，身体是否轻盈，关系是否清爽，头脑是否被思绪填满，日常有没有独处的时间。

放空是给心减压，是生命的自然流动，是允许力量进来，是任意识自由自在。放空，可以让原本机械或者紊乱的生命恢复本来的节奏。空是两场人生戏剧中间的转场，是情绪散漫又凝聚，是虚无且悠然，是寂灭又新生。

如何做到放空呢？想要做到放空就要把紧缩的心松开，把抓取的手放开，把环顾寻觅的目光收回，静静生活，让四周的寻常事物，如一粥一饭、一花一叶、晨昏日暮的能量被自己逐个看见和吸收。让心在放空中找到自己新的依靠和支撑；或者在孤单中感受与宇宙同频的心跳和呼吸，此刻的孤单将令你感到前所未有的饱满和充实之感。把减法做到极致后，你是谁？你还有什么？你的力量在哪里？也许这个答案就是你的本质和生命的核心。

对我来说，放空就是写作，写孤独、生命、爱、漠然、苍凉、期盼，写一场又一场遇见和离别，写一次又一次破碎和重生。写作是我的职业，也变成了我的空之所，心之居。

希望你在自我放空里，找到答案。这个答案就是无法摧毁的生命基石。放空，见本质，见自己，见人生最终的寄托和追求。放空，即澄清，让一杯水的所有杂质沉淀，显现水的清澈本质。

慢下来，是在顺应自然，相信万事万物有其自然法则，而不是人为加快节奏就可以的，提速过快反而会导致事与愿违。在这个世界上，好的事物、产品、成果都会有缓慢生长积蓄能量的阶段，在那个阶段，不被人注意，平平无奇，只是慢慢地自我成长。这就是量变的过程，但总有人会很着急或者恐惧失败，他们要么介入干预，要么干脆放弃，让"慢慢来"戛然而止。

说到慢下来，我们可以分析一下，人们为什么总想快点？因为人们需要通过行动后的正反馈，来确认自己的方向是对的，做的事是没错的。如果慢，慢到没反馈或者收效甚微，人们便很容易自我怀疑，怀疑导致恐惧，恐惧就会动摇，动摇然后改变目标、变换方向，也就是放弃旧目标，开启新任务。很多人就是因为行动后没效果或者见效太慢，将目标变来变去，最终一事无成。

人们为什么能下决心做出某个行为？因为行为来自想法，所以要思考对自己内心某个想要实现的愿望、某个发出指令的念头，是否真的想清楚了。如果是，那行动中的耐心和动力就会足够，允许自己慢慢来，允许无反馈或者负反馈期的存在。如果想法很不明确，人们将失去信心，急于追求行动带来的结果，从而无法度过慢生长期，开始急躁，然后放弃。

慢是顺应，顺应了自然规律，顺应了自己内心的想法去做事，而不是随便找个外界的目标跟风，做出不是出自本心意愿的行为，行不遂心，便会急切，无法真正做好一件事。

放空、放慢，让每一种状态的意义变成生命的养料和动能，掌握生命的自主权，过自己的人生，有自己的节奏，再无苛刻，没有评判，只有自我调节和自然规律。

让我们走出大脑的限制，让心说话，让生命自由，让结果自然发生，从心而活。你只需要享受丰盛，遇见不同，汲取意义，深化理解，顺势而为。

晨曦 🎤
有话说

1 真正的爱自己，是尊重、理解、接纳、照顾、养育自己，对
自己保持温柔、耐心、真诚。

2 爱是蜿蜒曲折后的顿悟，爱的源头一直是你自己。

3 如果选择压抑、回避、发泄负面情绪，伤人伤己还容易生病，
不妨试着允许、共处、溯源负面情绪，并自然过渡，养育内在。

4 在你情绪低落，不知道该做什么的时候，洗个热水澡，听听
音乐，好好睡一觉。做情绪的好朋友，照顾好它，也照顾好
自己。

5 尝试挖掘和打磨自己的稀缺价值和过硬技能，你会发现人生
中的许多问题将不攻自破。

6　如果你认为孤独是自在的，你会看见自己，品味世间万物的不同滋味。你可以平平静静地遇见这个世界的每一瞬光影。

7　爱自己的人要拥抱脆弱，让脆弱在心的空间里慢慢长出真实的力量。

8　心要独立，有自己的想法；身要借力，能倚靠就靠；有想法，会借力，才是真正的独立。

9　人的意念、情绪、想法、行为贯通成一条线，也叫"知行合一"，想什么就说出来，说出来就可以做，做了就敢继续想。

10　不断想象自己未来的样子，然后持续行动，去创造新的人生画面与体验，创伤就会逐渐褪色。它只是一段记忆，无法说明你是谁。你是谁，由你的行动与创造定义。

11　做人，要自然一些，真实一些。该弱就弱，感觉消极就消极一会儿，不强大也可以，生命的溪流时缓时急，不妨接纳本真，顺势而去。

12 心理能量要用在养育个性、自我、创造力上，要链接好的关系，要表达自己，源源不断地与世界产生良性交流和交互。

13 大脑强迫自己动起来，但身体与心灵就是反对大脑的指挥，并与之消极对抗，当这种情况发生时，不评判，问问身心为什么要这么做，这样才能更了解自己。

14 孤独像暗夜，你可以惧怕黑暗，也可以静享星光，这取决于你在这种处境中，是自怜哀叹甚至自弃，还是沉浸在一份安然或者喜悦里。

15 试着尊重感受而不是按道理去做选择，心理能量就会明显增加，行动起来也更容易。

16 做人，要"又硬又软"，硬的是原则和边界，自我保护；软的是情绪和认知，灵活流动。千万不要情绪认知硬，原则边界软。

17 "己心难猜"，世界上最复杂、最令人迷惑的，不是别人的心，而是自己的心。直面内心，你才能把自己的心房疏通，让能量流通。

18 心理学最大的意义，是帮助一个人穿越情绪的迷雾，洞见生命的底层逻辑，修行和优化自我核心的信念部分，在本质上转换理解方式，提升生命的体验感。

19 爱自己三个关键词是：照顾、接纳、顺应。照顾身心，接纳欲望，顺应天性。

20 木头人被夸老实，其实他们是没有自我的；机械人做事高效，其实他们是卖力听话的；空心人情绪稳定，其实他们是情绪隔离的。有自我，不太听话，情绪真实的人，才是真实的人。

21 习惯性自我贬损、自我谴责、自我攻击的人，总被"我不配""我不好""我不行"的内在声音包围，很难进步。

22 自我疗愈的本质是走出社会的规训，降低工具理性和效率要求，对待自己如对待一个婴儿、一只小海豹、一盆栀子花一样，自然养育，如实接纳，充满爱与关怀。

23 脆弱是给心开一扇窗，让真实进来，让逞强散去。弱如婴儿，链接本真，力量逐渐充盈，慢慢成长。

24 真正的和解是允许自己的情绪感受真实存在，理解和尊重自己，这样的和解发生后，生命力便活了起来，人生也变好了，不再会计较和拉扯，于是你谅解了一些人。

25 撤掉"应该怎么样"的思维模式，换上"就是这样"的思维模式后，你的接纳度会高一些，情绪会放松一些。面对不断变化的现实，人的适应能力越来越好，活着也自在许多。

26 爱自己的几个瞬间：①累的时候就休息；②做错了，跟自己说没关系；③如果别人失望，那就让他失望。

27 减少内耗，自我接纳，目标明确。

28 内心有欲望的时候不要压制，你需要把欲望唤醒，看清自己需求的本质，驾驭它，并适当满足它。

29 尊重、满足自己的需求，对他人的评价保持钝感。

30 当你对小缺点吹毛求疵的时候，请停下来，去找你最特别的优点。你不用改变什么，只要去找那个优点，然后放大再放大，就很好。人要追求独特性和稀缺性，而非完美和优秀。

31 人处于清晰且稳定的生命状态时，天赋会浮现。

32 热爱不是找到的，而是在一个人悠闲放松、心无挂碍、无忧无虑玩耍的时候出现的。

33 一个人在没有找到明确的自我意识，有保障的谋生方式，有意义的人生目标之前，他都是在不同的关系以及人和事物里漂泊、辗转，缺乏安全感，害怕被抛弃。

34 "不讨厌自己""不讨厌任何境况中的自己"，这是一个人能为自己做到的最基本的一件事。

CONCLUSION

结语

从今天开始，过上不费力的人生

当我们的心理成长到了一定阶段后，目标就不应只是疗愈创伤和爱自己了，我们应最大限度地把自己的潜能与才能发挥出来，享受爱与自由，体验丰盛人生。

让我们从今天开始，试着不费力生活，你可以通过接下来的三十个问题，确认自己是否正走在不费力生活的路途中。

1 你真的爱自己吗？接纳自己存在缺点，同时愿意聚焦优点，并将其不断打磨和放大吗？

2 你能做到当你感到不舒服的时候，先不反思和自责，而是试着评估对方对待你的方式，以及关系是否适合自己吗？

3 你是否相信自己生来具备足够的能量和一定的能力，有自己的特点和特长，并愿意用余生发现和探索自己？

4 你是否愿意思考每个问题的本质，不停留在表面的浅尝辄止，去寻找各种资料、资源和支持系统展开思考，探索问题的根本，找寻底层逻辑？

5 你是否愿意直面你的情绪起伏，了解情绪管理的方法，主动觉察、记录、寻找规律，或者借助咨询师的帮助，对你的喜怒哀乐，特别是负面情绪进行科学分析和无条件的关怀？

6 你是否能在面对权威（父母、老师、领导、长辈、名人）时，不是第一时间全然臣服，而是保持敏锐和审慎，接受对你有利的信息，排除你觉得无用或者不适的信息？

7　你是否能果断拒绝他人（指任何人，包括亲人）对你的冒犯、侵扰、欺侮，并能及时远离，不心存对方会改变的期待？

8　你是否能独立地为自己做一个决定，冒着未知和不确定性的风险行动，并为结果负责，以及在发生不如意的状况时做到不抱怨？

9　当你想要探索一个新领域、新爱好、新乐趣时，是否可以先不计结果，只去尝试和玩耍，投入其中，像孩子开启一个游乐项目一样，随心行动？

10　当有人质疑、嘲笑你的想法，态度轻蔑时，你是否还能保持坚定、清醒，继续稳步推进手头的事情，独自前行？

11　在自己犯错后，你能否做到不责备、不攻击自己，只是看见事实，分析原因，总结经验教训，然后成长？

12　你是否能主动表达出对别人的欣赏、赞美、爱，并且不觉得羞耻和难为情？

13 你是否能独自做一些让自己快乐、自在的事情？从不觉得独自待着是一件奇怪的事情，可以很自然地独处？

14 在关系发生冲突和矛盾的时候，你是否可以做到不使用极端词语攻击对方，在双方冷静后，寻找沟通的机会？在冲突中，发现自己的不合理期待和某些弱点后，你是否可以成熟地理解、消化、整合认知系统，升级自己对关系的理解？

15 你是否可以在一段关系结束以后，不急着挽留或纠缠，只是安静地守护自己的心，聆听自己的痛苦和哀伤，看见情绪背后的意义，然后产生内在力量？

16 你是否允许自己有无力、脆弱、羞耻、痛苦的时刻，并且不急着驱赶这些感受，与自己的这些感受静静共处，去聆听、安抚自己？你是否可以对自己所谓的糟糕的一面，保持接纳和尊重？

17 当做不到某件事时，你是否可以不责备、不怀疑自己？你是否会停下来看一看，这件事是不是不适合自己？

18 在你心中，心灵的共鸣、契合、贴近、支持，是否比地缘
关系和血缘关系更重要？

19 你是否可以在自己疲惫、虚弱、无力的时候，让自己停下
来，充分休息、放空？不着急、催促、赶时间？

20 你是否可以把"自我成长、自我探索、体验人生、实现潜
能"当作目标，而不仅仅以"结婚、生子"为目标？你的
人生是否可以以"自我"为出发点？

21 你是否可以把金钱当作购买物资的兑换凭证，以及玩人生
游戏的储值金币，除了这两个功能，不再赋予它过度的自
我价值证明，不再使其与你的自尊、人格、人生意义关联
在一起？

22 你是否可以在物质不宽裕的时候，不轻视自己，不贬低自
己，而是踏实生活、沉静学习、观察市场、了解需求、推
进目标、耐心等待，不骄不躁，储备足够强大的能量？

23 你是否可以做到不因买到贵的东西而觉得自己的价值被抬升，也不因为用便宜的东西而觉得自己的价值被贬低？是否可以保持"万物皆可为自己所用，万物都只是自己的装饰"的信念？

24 你是否可以认同且肯定自己的认知、思维、情感、想象力，并落落大方、不卑不亢地说出对世界和事物的理解，清晰地表达自己的观点，坚持独立思考，并把这些当作你最珍贵的宝物？

25 你是否可以坦然面对嘲讽、奚落、不公？你是否能看见这个世界纷至沓来的"标签"以及人们对你的评判，是否能理解这些，但绝不附庸，清醒地活着，让自己保持完整、纯粹？

26 你是否可以不再抵触、对抗、逃避，尝试在"负能量""低能量"里分析和觉察，发现新信息，推动自己的认知进步，把思维的视野范围扩大再扩大？

27 你是否可以在自我与他人、与群体的关系中找到平衡点，
让自我独立，同时学会与人沟通、相处、合作，让自我有
生长的土壤？

28 你是否能把亲密关系当作课题、当作镜子、当作体验、当
作成长，而不是当作归宿、港湾？你是否既可以在安定和
依恋里被滋养，同时也可以在不定和无常中成长？

29 你是否可以在某些费力、不舒服、需要妥协的时候，接受、
忍受，不对抗和抱怨这样的现实，但绝不放弃"不费力法
则"，一直寻找机会，争取早日脱困？

30 你是否能做到终身爱自己，即第一，爱护、养育、支持自
己；第二，了解、探索自己；第三，把人生当作一段自我实
现的旅程？